Die Abwässer der Kali=Industrie

Gutachten betr. die Versalzung der Flüsse
durch die Abwässer der Kali=Industrie

Von

Professor Dr. Dunbar
Direktor des staatlichen hygienischen Instituts Hamburg

Mit 18 lithographischen Tafeln

München und Berlin
Druck und Verlag von R. Oldenbourg
1913

Inhaltsverzeichnis.

———

Allgemeines über das Vorkommen der Kalisalze und die Entwicklung der Kali-Industrie.

Von den Kalisalzen hatte bis zum Jahre 1861 nur das Chlorkalium als Handelsprodukt eine gewisse Bedeutung. Es wurde in Frankreich und England aus dem Meerwasser oder aus Meeresalgen, in Frankreich außerdem noch aus Schlempekohle gewonnen. Die Gesamtproduktion betrug jährlich etwa 4300 t[1]). Erst als H. Rose, Rammelsberg und A. Frank nachgewiesen hatten, daß die sog. Abraumsalze, die sich über Steinsalzlagern finden, für die Gewinnung von Chlorkalium verwertbar wären, begann auch Deutschland im Jahre 1861 sich an der Kaligewinnung zu beteiligen. Als dann v. Liebig, Märcker, Schultz-Lupitz, Rimpau-Cunrau u. a. die Bedeutung der Kalisalze als Düngemittel für die Landwirtschaft festgestellt hatten, vervielfachte sich die geförderte Kalimenge innerhalb weniger Jahre. Z. B. wurde in Deutschland schon im Jahre 1872 eine vierfach so große Menge Chlorkalium gewonnen, als die gesamte Weltproduktion noch etwa 10 Jahre vorher betragen hatte. Gleichzeitig war der Preis auf etwa $\frac{1}{3}$ des früheren herabgedrückt worden[1]). Im Jahre 1861 wurden im deutschen Zollgebiete 2400 t Kalirohsalze im Werte von 42 000 M.[2]) gefördert, 10 Jahre später etwa $\frac{1}{3}$ Mill. t im Werte von reichlich 3 Mill. M.[2]), im Jahre 1910 aber etwa 8,3 Mill. t, die einen Produktionswert von reichlich $91\frac{1}{3}$ Mill. M.[3]) und nach einer Aufstellung der Mitteldeutschen Privatbank A.-G. in Magdeburg[4]) einen Absatzwert von ca. 143 Mill. M. gehabt haben sollen. Der Absatzwert der gesamten Produktion der Kali-Industrie wird für das Jahr 1911[4]) mit ca. 165 Mill. M. angegeben. Schönemann[5]) schätzt den Absatzwert für 1910 auf rund 150 Mill. M. und für 1911 auf etwa 167 Mill. M. Die Steigerung der Kaliförderung ist seit vielen Jahren fast ununterbrochen so sprunghaft fortgeschritten, daß innerhalb der nächsten 10 Jahre mit Sicherheit auf eine gewaltige Weiterentwicklung der Kali-Industrie zu rechnen ist. Da in anderen Ländern trotz aller Forschungen Kalisalze in erreichbaren oder abbauwürdigen Lagern nicht aufgefunden worden sind, so ist gleichzeitig damit zu rechnen, daß die ganze Deckung des sich alljährlich mächtig steigernden Bedarfs an Kalisalzen für absehbare Zeiten Deutschland zufallen wird.

Die Abraumsalze, die ich im nachstehenden als Kalisalze bezeichnen werde, sind, ebenso wie die unter ihnen liegenden Steinsalzlager, als Rückstände verdunsteten Meerwassers aufzufassen. Alle normal gebildeten Kalisalzlager bestehen aus Steinsalz und darüber gelagerten sog. Kalisalzen, das sind Kali-Magnesia-Verbindungen der Salz- und Schwefelsäure. Wo diese oberen Salze fehlen, wurde die Bildung des Lagers entweder vorzeitig unterbrochen, oder es wurden die leichter löslichen Muttersalze durch spätere Hebungen oder Überflutungen wieder fortgespült. Durch die Verdunstung von Meerwasser schied sich während der wärmeren Jahreszeit zuerst das Chlornatrium als Steinsalz ab,

[1]) Schönemann, Die deutsche Kali-Industrie und das Kaligesetz, 1911, S. 3.
[2]) Statistisches Jahrbuch für das Deutsche Reich, 1880, S. 30.
[3]) Wie vor, 1912, S. 72.
[4]) Jahresbericht für 1911 über den Markt der Kaliwerte. Kali, Zeitschr. f. Gewinnung, Verarbeitung und Verwertung der Kalisalze, 1912, S. 22.
[5]) Schönemann, l. c., S. 14.

und als der weitere Zufluß von Meerwasser aufhörte, begannen auch die Kali- und Magnesiumsalze aus der angesammelten Mutterlauge auszukristallisieren. In der hierdurch gebildeten sog. Kie-seritregion ist das noch vorhandene Steinsalz mit Carnallit verunreinigt. In den spä-teren Abscheidungen tritt der Carnallit immer stärker hervor, bis das Salzgemenge schließlich in ein abbauwürdiges Carnallitlager übergeht. Durch weitergehende Einwirkung von Wasser fanden sekundäre Umsetzungen statt, als deren Endprodukt sog. Hartsalze gebildet wurden, haupt-sächlich Sylvin und Kieserit. Durch noch spätere sekundäre Bildungen wurde der Kainit erzeugt, der der Hauptsache nach die Sulfate des Kaliums und Magnesiums neben Chlor-magnesium umfaßt.

Als ursprüngliche Bildungen sind also anzunehmen: Steinsalz (Natriumchlorid), Car-nallit (Kalium-Magnesiumchlorid) und verschiedene andere Salze untergeordneter Bedeutung. An sekundären Bildungen kommen vor: Sylvin (Kaliumchlorid), Kieserit (Magnesiumsulfat) und besonders Kainit (Kalium-Magnesiumsulfat, Chlormagnesium).

Die hier geschilderten geologischen Bildungsverhältnisse der Kalisalzablagerungen ent-sprechen den Beobachtungen in den älteren Kalisalzbergwerken bei Staßfurt und in der Um-gegend von Staßfurt. In den neueren Kalisalzbergwerken treten zum Teil wesentlich andere Erscheinungen hervor, welche die Geologen zu abweichenden Hypothesen über die Entstehung der Kalisalzlager veranlaßt haben. Auf diese braucht hier nicht weiter eingegangen zu werden.

Als man in den Jahren 1851—1856 dazu überging, das Steinsalz bergmännisch zu gewinnen, wurden die eben beschriebenen, über dem Steinsalz lagernden Salzschichten zunächst nicht abge-baut, weil man keine Verwendung dafür hatte. Obgleich die Ablagerungen von Meeressalzen im Deutschen Reiche in einem mehr oder weniger markierten Zusammenhange stehen, so spricht man doch von sechs Salzablagerungsgebieten. Das erste wurde in der Magdeburg-Halberstädter Mulde gefunden, dann folgte die Hannoversche Mulde mit dem Norddeutschen Tieflandsgebiet, das Werragebiet südlich des Thüringer Waldes, das Fuldagebiet zwischen Rhön und Vogelsberg und das Süd-harz-Thüringer Becken. Schließlich fand sich noch eine Lagerstätte in Elsaß-Loth-ringen im sogenannten „Becken von Wittelsheim" bei Mühlhausen, diesseits der Vogesen. Die Gesamtmenge der in diesen sechs Lagern vorhandenen Kalisalze ist auf 11 Milliarden cbm geschätzt worden.[1]

Trotz der erheblichen Preisverminderung, welche die Kalisalze infolge der neuen Ge-winnungsweise bald erfuhren, haben doch die ersten deutschen Kalifabriken mit sehr erheblichem Gewinn gearbeitet. Der Bedarf an Kalisalzen steigerte sich namentlich infolge der wachsenden Wert-schätzung, die ihnen von der Landwirtschaft entgegengebracht wurde. Außerdem wuchs auch der Bedarf der chemischen Industrie an Kalisalzen erheblich. Die in- und ausländische chemische Industrie beanspruchte schon im Jahre 1900 über 700 000 dz K_2O in Form von Chlorkalium und schwefelsaurem Kalium.[2] Neben diesen beiden Hauptprodukten wird noch eine ganze Reihe an-derer Kalisalze hergestellt. Es gibt kaum noch chemische Betriebe, die nicht wenigstens das eine oder andere Produkt der Kali-Industrie als Grund- oder Hilfsstoff brauchen. Diese Entwicklung der Dinge hat ein erhebliches spekulatives Interesse für die Kali-Industrie erweckt. Deren Ge-samtleistungsfähigkeit überschritt den tatsächlichen Bedarf bald so wesentlich, daß eine gesetzliche Regelung der Kaligewinnung und -verarbeitung notwendig wurde. Das Salzregal, d. h. das Recht auf die Gewinnung von Salz, steht nur in der Provinz Hannover dem Grundeigentümer zu, in den übrigen preußischen Provinzen und in allen anderen Bundesstaaten dagegen der Landesregierung. Es gehört also in das Gebiet der Landesgesetzgebung und kann deshalb von jedem einzelnen Bundesstaat verschieden gehandhabt werden. Hieraus erwachsen einer direkten reichsgesetzlichen Regelung der Kaligewinnung und -verarbeitung erhebliche Schwierigkeiten. Auf indirektem Wege ist aber durch das Reichsgesetz über den Absatz von Kalisalzen vom 25. Mai 1910 so weit eine Regelung erfolgt, daß wenigstens einer Vergeudung der Kalisalze wirksam entgegen-getreten werden kann. Durch Bekanntmachung des Bundesrats vom 26. Juli 1881, bestätigt in

[1] Schönemann, l. c., S. 28.
[2] Schönemann, l. c., S. 18.

der Reichstagssitzung am 12. Januar 1882, ist festgestellt worden, daß die Errichtung neuer Kalifabriken konzessionspflichtig ist auf Grund des § 16 der Reichsgewerbeordnung. Ein einheitliches
Vorgehen der in Betracht kommenden Bundesstaaten in bezug auf die Konzessionserteilung ist jedoch
noch nicht erreicht worden. Das muß aber als ein dringendes Bedürfnis bezeichnet werden im Hinblick auf die Tatsache, daß sich bei der Verarbeitung der Kalisalze Abwässer ergeben, sog. Endlaugen und Kieseritwaschwässer, sowie andere salzhaltige Abwässer, die man allgemein den Flußläufen zuführt. Die Einleitung dieser Kali-Abwässer in die Flüsse bringt, wie weiter
unten gezeigt werden soll, mancherlei Unzuträglichkeiten und Schädigungen mit sich, die sich
nicht allein in dem Bereiche der Bundesstaaten geltend machen, in denen die Einleitung erfolgt,
sondern unter denen auch Unterlieger anderer Bundesstaaten mitzuleiden haben. Nicht der Bundesstaat, in dem Kali gefördert und verarbeitet wird, hat unter einer liberalen Handhabung der
Konzessionserteilungen allein zu leiden, sondern auch andere Bundesstaaten, die von der Kali-
Industrie nicht denselben Nutzen ziehen wie die Kali fördernden Staaten. Hieraus haben sich mancherlei Konflikte und Streitfragen ergeben, die bereits seit Jahrzehnten behandelt werden, ohne daß
es bisher gelungen wäre, zu einer Regelung der Verhältnisse zu kommen, die als befriedigend und
gerecht bezeichnet werden könnte.

Auf Tafel I ist die Lage der bis zum 1. Oktober 1912 konzessionierten und in Betrieb genommenen Kalisalzbergwerke durch schwarze Punkte, der Name dieser Werke durch schräge Schrift
eingetragen. Die Karte stellt nur die Entwässerungsgebiete der Elbe und Weser dar, weil sämtliche bisher in Betrieb genommene Kalisalzbergwerke in diesen Gebieten liegen, abgesehen von den
wenigen Werken in dem oben erwähnten sechsten elsässischen (oberrheinischen) Kalisalz-
gebiete. Die Kalisalzbergwerke des Elbgebietes entwässern bisher zum weitaus größten
Teile in die Saale und deren Nebenflüsse, die Kalisalzbergwerke des Wesergebietes in
die Werra und Aller mit ihren Nebenflüssen. In diesen Flußgebieten wird schon seit
Jahrzehnten lebhaft Klage geführt über die Schädigungen vielseitiger Interessen, welche
durch die oben skizzierte schnelle Entwicklung der Kali-Industrie heraufbeschworen worden sein
sollen. Angesichts der gegenwärtig schon vorhandenen erheblichen Versalzung mancher der hier
in Frage kommenden Gewässer kann es nicht wundernehmen, wenn diejenigen, die darunter zu
leiden haben, der weiteren Entwicklung, welche die Kali-Industrie zu nehmen im Begriffe steht, mit
einem Gefühl von Beängstigung entgegensehen.

Den auf Tafel I angeführten, schon in Betrieb befindlichen 104 Kalisalzbergwerken
steht eine noch größere Anzahl von Werken gegenüber, die in der Entstehung begriffen sind.
Die gegenwärtig in Betrieb befindlichen Werke können zurzeit nur mit einem geringen Teil
ihrer Leistungsfähigkeit arbeiten, weil die ihnen von der Verteilungsstelle zugewiesene Beteiligungs-
ziffer zumeist nur einen Bruchteil der Leistungsfähigkeit und der konzessionierten Produktion aus-
macht. Die Kaliförderung und damit einhergehend die Versalzung der Flüsse könnte also durch die
schon in Betrieb befindlichen Werke um das Vielfache vergrößert werden, bevor die Gesamtleistungs-
fähigkeit erschöpft sein und die Grenze der behördlichen Konzessionen erreicht werden würde. Durch
Inbetriebnahme der weiteren in der Entstehung begriffenen, zum Teil schon konzessionierten Werke
würde sich die schon behördlich zugestandene Einleitung von Endlaugen in die Flüsse wiederum um
ein Vielfaches vermehren können. Außerdem wird noch fortgesetzt an neuen Stellen nach Kali gebohrt.

Nicht die Kalisalzbergwerke liefern Abwässer, sondern fast ausschließlich nur die
Chlorkalium- und Kaliumsulfat-Fabriken. Nur die Lage dieser Fabriken interessiert uns
deshalb. Meine bisherigen Bemühungen, über die Lage sämtlicher Kalifabriken Aufschluß
zu erhalten, sind ergebnislos gewesen. Ich habe jedoch feststellen können, daß es, abgesehen
von den alten Sonderfabriken, Kalifabriken gibt, die keinen eigenen Schacht besitzen, wie
z. B. die neuen Konzessionen in Camburg an der Saale und Werningshausen an der
Unstrut. Das Recht des Quotenverkaufs bringt es mit sich, daß die Kalisalzbergwerke, wenn sie
auf Schwierigkeiten in der Errichtung und im Betriebe ihrer Kalifabriken stoßen, ihre Carnallite in benachbarten Werken verarbeiten lassen. Eine besondere Bedeutung gewinnt diese
Möglichkeit durch den Umstand, daß sowohl im Saale- wie auch im Wesergebiete
ältere Werke existieren, welche unbeschränkte Konzessionen auf Carnallitverarbeitung haben und
deshalb imstande sind, große Mengen fremder Salze mitzuverarbeiten. Angesichts solcher

Verschiebungen, die ein alltägliches Vorkommnis sind, sehe ich davon ab, die Lage der 148 mir bekannten Kalifabriken im einzelnen näher zu bezeichnen, die zurzeit konzessioniert bzw. in Vorbereitung befindlich sind.

Entstehung, Charakter und Menge der Kaliabwässer.

Da die Kalisalze allgemein nicht durch den sog. Solbetrieb, sondern bergmännisch gewonnen werden, so ist es möglich, die verschiedenen Schichten der Ablagerung von vornherein zu trennen. Die wichtigsten Rohstoffe, die sich hierbei ergeben, sind die schon erwähnten Hartsalze, die Kainite und der Carnallit.

Nur mit dem Carnallit und dem aus diesem gewonnenen, später noch zu beschreibenden Kieserit werde ich mich im nachstehenden näher zu beschäftigen haben. Denn die übrigen Salze sind von Natur so kalireich, daß sie zum großem Teil durch einfaches Mahlen zu einer handelsfähigen Ware gemacht werden können. Der verhältnismäßig sehr kleine Teil dieser Salze, der weiter verarbeitet wird, ergibt aus dem Grunde keine abzuleitenden Salzlösungen, weil diese fortgesetzt im Betriebe wieder verwendet werden können.

In den erwähnten Carnallitlagern, der sog. Carnallitregion, finden sich[1]) die Carnallite, d. h. hauptsächlich die salzsauren Salze des Kaliums und Magnesiums, durchschnittlich zu etwa 55%. Daneben enthält diese Region etwa 26% Steinsalz, 17% Kieserit und 2% sonstige Verunreinigungen, wie Anhydrit (wasserfreier Gips), Ton, Borazit u. dgl. Von den Salzen aus der Carnallitregion wird nur der Carnallit (Rohcarnallit) benutzt, aus dem Chlorkalium, schwefelsaures Kalium, Magnesiumsulfat und Brom hergestellt werden und der sog. künstliche Kieserit gewonnen wird.

Der Rohcarnallit wird zerkleinert und mit siedender, 18—20 proz. Chlormagnesiumlösung behandelt. Dabei gehen Chlorkalium und Chlormagnesium in Lösung, während Steinsalz und der künstliche Kieserit zurückbleiben. Diese Rückstände werden abgestoßen; auf ihre weitere Verarbeitung werde ich nachher zurückzukommen haben. Aus der geklärten Lösung kristallisiert beim Erkalten der größte Teil des Chlorkaliums aus. Die Mutterlauge, welche sich nach Entfernung des auskristallisierten Chlorkaliums ergibt, wird weiter eingedampft, jedoch nur bis zu der Konzentration, wo der sog. künstliche Carnallit beim Erkalten auskristallisiert, der eine Doppelverbindung von Chlorkalium und Chlormagnesium darstellt. Ein verhältnismäßig kleiner Teil der Endlaugen wird auf kristallisiertes Chlormagnesium verarbeitet. Eine Fabrik in Leopoldshall verarbeitet einen Teil ihrer Endlaugen auf Magnesia und Salzsäure. Dieses Verfahren ist aber unwirtschaftlich und der Fall steht vereinzelt da. Die weitaus größte Menge der Endlaugen kann zurzeit nicht weiter verwertet werden — abgesehen davon, daß viele Fabriken Brom daraus herstellen, wodurch sie im übrigen nicht vorteilhaft verändert und ihre Mengen nicht verringert werden. Sie werden als Kalienlaugen in die Flüsse abgeleitet.

Die Endlaugen stellen eine geruchlose, fast farblose, neutral oder leicht alkalisch reagierende, für Chlormagnesium fast gesättigte Salzlösung mit einem mittleren spezifischen Gewicht von 1,3 dar. Ihr Gesamtsalzgehalt schwankt nach den zahlreichen veröffentlichten Analysen zwischen 246 und 450 g im Liter. Als mittlere Zusammensetzung der Carnallitendlaugen gibt die Kgl. Preußische Wissenschaftliche Deputation für das Medizinalwesen[2]) an:

Magnesiumchlorid (Mg Cl$_2$)	390 g.
Magnesiumsulfat (Mg SO$_4$)	36 g.
Kaliumchlorid (K Cl)	12—18 g.
Natriumchlorid (Na Cl)	10 g.

Die Härte einer solchen Endlauge würde 24 670 d. Grade betragen.

---

[1]) Fischer, Handbuch der chemischen Technologie, Bd. I, S. 450. — Krische, Die Verwertung des Kalis, S. 61. — Kubierschky, Die deutsche Kali-Industrie, S. 5—8.

[2]) Rubner u. Schmidtmann, Gutachten der Kgl. Wissenschaftlichen Deputation für das Medizinalwesen über die Einwirkung der Kali-Industrie-Abwässer auf die Flüsse vom 29./11. 1899. Vierteljahrsschr. f. gerichtl. Medizin und öffentl. Sanitätswesen, 3. Folge, Bd. 21, Suppl.-Heft, 1901, S. 4.

Auch der Reichsgesundheitsrat hat die beschriebene Zusammensetzung als eine durchschnittliche akzeptiert.[1]) Ich darf sie deshalb — trotz der vorkommenden Schwankungen — meinen weiteren Berechnungen zugrunde legen.

Allgemein wird angegeben, daß sich bei der Verarbeitung von 1000 dz Carnallit 50 cbm Endlaugen ergeben. Die Gesamtmenge des im Deutschen Reiche im Jahre 1910 geförderten Carnallits wird angegeben mit 33 259 000 dz.[2]) Davon wurden 32 523 314 dz, d. h. fast die ganze geförderte Menge, auf konzentrierte Salze und Kalidüngesalze verarbeitet. In diese Menge ist der Bergkieserit mit eingerechnet. Bis zum Jahre 1909 wurde dessen Fördermenge getrennt von derjenigen des Carnallits angegeben. Sie ist, wie aus der nachstehenden Tabelle hervorgeht, verhältnismäßig gering.

Entwicklung der Carnallitförderung und -verarbeitung.[2])

Jahreszahl	Geförderte Mengen		Auf konzentrierte Salze verarbeitete Mengen Carnallit dz
	Carnallit dz	Bergkieserit dz	
1861	22 930	—	—
1865	876 709	748	—
1870	2 682 256	707	—
1880	5 282 120	8 929	5 249 676
1890	8 385 256	69 514	8 130 126
1900	16 978 932	20 474	16 457 195
1909	32 807 264	73 878	32 185 712

Hiernach sind — bei Annahme von 300 Werktagen im Jahre — im Jahre 1909 werktäglich reichlich 107 000 dz Carnallit verarbeitet worden. Im Jahre 1911 scheint sich die werktägliche Carnallitverarbeitung auf reichlich 145 200 dz gesteigert zu haben.[3])

Der hier zum Ausdruck kommende erfreuliche Aufschwung der Kali-Industrie hat, wie aus den obigen Schilderungen hervorgeht, notwendigerweise zu einer sich sprunghaft steigernden Belastung der im Bereiche dieser Industrie liegenden Flußläufe mit Salzen geführt.

Auf Grund der oben angeführten Zahlen ist anzunehmen, daß im Jahre 1880 etwa 262 000 cbm Carnallitenblaugen in die Flüsse abgeleitet wurden, im Jahre 1900 ungefähr 823 000, im Jahre 1909 dagegen 1 609 000 cbm. Bei der Annahme von jährlich 300 Arbeitstagen wurden demnach im Jahre 1880 pro Arbeitstag 873 cbm Endlaugen produziert, im Jahre 1900 schon 2743 cbm, im Jahre 1909 aber pro Arbeitstag 5363 cbm.

Die folgenden Tabellen geben Anhaltspunkte darüber, welche Salzmengen den in Frage kommenden Vorflutern durch die Endlaugeneinleitung zugeführt werden mußten.

Menge der Endlaugen und der darin enthaltenen Salze pro Jahr.

Jahreszahl	Endlaugen pro Jahr cbm	Chlormagnesium t[4])	Magnesiumsulfat t	Chlor t
1861	1 150	449	41	350
1865	43 800	17 080	1 580	13 280
1870	134 000	52 260	4 820	40 640
1880	262 000	102 180	9 430	79 460
1890	407 000	158 730	14 650	123 440
1900	823 000	320 970	29 630	249 620
1909	1 609 000	627 510	57 920	488 010

[1]) Beckurts, Orth, Spitta, Gutachten d. Reichs-Gesundheitsrats, betr. die Versalzung des Wassers von Wipper und Unstrut durch Endlaugen aus Chlorkalium-Fabriken. Arb. a. d. Kaiserl. Ges.-Amt 1911, Bd. 38, S. 6 u. 7.

[2]) Krische, Der Absatz an deutschen Kalisalzen im Jahre 1910. Kali, Ztschr. f. Gewinnung, Verarbeitung und Verwertung der Kalisalze 1911, S. 531/532.

[3]) Berechnet nach den Ausführungen auf S. 6 dieses Gutachtens.

[4]) t = 1000 kg.

Menge der Endlaugen und der darin enthaltenen Salze pro Tag
(Jahr zu 365 Tagen).

Jahreszahl	Endlaugen pro Tag cbm	Chlormagnesium t	Magnesiumsulfat t	Chlor t
1861	3,2	1,2	0,1	1
1865	120	47	4,3	36
1870	367	143	13	111
1880	718	280	26	218
1890	1115	435	40	338
1900	2255	879	81	684
1909	4408	1719	159	1337

Im Jahre 1911 hat nach H. Tjadens Feststellungen[1]) die Carnallitverarbeitung im Wesergebiet etwa 1,83 Mill. t betragen. Nach H. Ost[2]) kamen 1909 von der Gesamtcarnallitverarbeitung 4% auf die Elbe unterhalb Magdeburgs, der Rest verteilte sich auf die Elbe und Weser im Verhältnis von 9 zu 7. Auf dieser Grundlage fußend, wäre anzunehmen, daß im Elbgebiet im Jahre 1911 rd. 2,527 Mill. t Carnallit verarbeitet worden sind, wovon rd. 174 000 t unterhalb Magdeburgs. Ziehe ich zunächst nur die Carnallitverarbeitung im Saalegebiet in Betracht, so ergeben sich dort werktäglich rd. 78 400 dz oder alltäglich[3]) 64 470 dz. Für das Gesamtgebiet der Elbe ergeben sich alltäglich rd. 69 200 dz. Hiernach würden im Jahre 1911 rd. 2,18 Mill. cbm Kalienlaugen produziert und fast ausnahmslos der Elbe und Weser zugeführt worden sein. Die Elbe würde alltäglich durchschnittlich rd. 3460 cbm, und davon das Saalegebiet rd. 3220 cbm Endlaugen aufgenommen haben.

Ausdrücklich werden alle diese zahlenmäßigen Angaben von den Autoren als nicht absolut feststehend bezeichnet. Sie sollen nur als Wahrscheinlichkeitswerte beurteilt werden. Trotz aller Bemühungen ist es mir nicht möglich gewesen, völlig authentische Zahlen über die Größe der Endlaugenproduktion zu erhalten. Die oben angegebene Schätzung dürfte aber meiner Meinung nach genau genug sein, um als Unterlage für die weiter unten zu behandelnden praktischen Fragen zu dienen. Nur muß stets berücksichtigt werden, daß es sich bei den errechneten Zahlen nur um ungefähre Durchschnittswerte handelt, die abhängig sind von den unausbleiblichen Betriebsschwankungen, erhöht werden durch unerlaubte Überschreitungen, und zu denen noch große Mengen von Kieseritwaschwässern, Sulfatabwässern und Schachtwässern hinzugerechnet werden müssen, wie weiter unten gezeigt werden wird.

Überall, wo es sich um die Ableitung der Endlaugen handelt, werde ich aus den oben angegebenen Gründen die Tages- und sekundlichen Mengen einsetzen, die auf 365 Ableitungstage im Jahre entfallen.

Nach den von Tjaden[4]) angestellten Erhebungen und Berechnungen wird man für die Weser mit ihren Nebenflüssen ungünstigstenfalls — d. h. wenn alle bereits konzessionierten Werke ihre Konzession voll ausnutzen — mit einer werktäglichen Verarbeitung von 130 000 dz Carnallit, d. h. mit einer Endlaugenmenge von jährlich 1 950 000 cbm zu rechnen haben oder mit werktäglich 6500 cbm Endlaugen. Nimmt man noch die Werke hinzu, welche Konzessionen beantragt haben, so würde sich die im Wesergebiet produzierte Endlaugenmenge auf werktäglich 16 700 cbm berechnen, d. h. auf etwa 5 Mill. cbm pro Jahr.

Ähnlich scheinen sich die Verhältnisse im Niederschlagsgebiet der Elbe zukünftig gestalten zu wollen. Im Saalegebiet, das dort für die Carnallitverarbeitung bisher fast ausschließlich in Frage

---

[1]) Tjaden, Die Beseitigung d. bei d. Kaligewinnung im Weserstromgebiet entstehenden Abwässer u. d. Wasserversorgung d. Stadt Bremen. 1912, S. 34.

[2]) Ost, Kaliwerke im Wesergebiete und Wasserversorgung von Bremen, 1910, S. 4; vgl. Tjaden, l. c., S. 34.

[3]) Bei der Produktion der Endlaugen sind 300 Arbeitstage angenommen. Für ihre Ableitung in die Flüsse muß aber mit einer Verteilung über sämtliche 365 Tage des Jahres gerechnet werden.

[4]) Tjaden, l. c. S. 32.

kam, sind im Jahre 1912, soweit mir bekannt, 37 Kalifabriken in Betrieb gewesen. 27 weitere Fabriken sind beantragt und 7 in Vorbereitung begriffen. Außerdem beginnen die Kalifabriken sich neuerdings auch auf der Strecke zwischen der Saalemündung und Hamburg anzusiedeln. 10 Kalifabriken haben dort Konzession auf Carnallitverarbeitung beantragt, zum Teil auch schon erhalten. Bei voller Ausnutzung der schon erteilten Konzessionen würde man im Elbgebiet, ebenso wie im Wesergebiet, damit zu rechnen haben, daß eine Endlaugenmenge in die Flüsse abgeleitet wird, die mehrfach so groß ist als die bisherige.

Außer den Carnallitenblaugen kommen, wie oben erwähnt, bei der Kali-Industrie in erster Linie noch die sog. Kieseritwaschwässer in Frage. Zur Lösung des Rohcarnallits wird, wie oben dargelegt, eine 18—20 proz. siedende Chlormagnesiumlösung verwendet. Dadurch wird erreicht, daß Steinsalz und Kieserit ungelöst bleiben und von dem in Lösung übergegangenen Chlorkalium und Chlormagnesium getrennt werden können. Durch einen Waschprozeß wird das Steinsalz in Lösung gebracht und entfernt. Der Kieserit bleibt auch hierbei ungelöst und stellt eine breiige Masse dar, die zu brikettartigen Blöcken geformt wird und unter Aufnahme von Wasser nach einigen Stunden erhärtet. Aus einem Teil des Kieserits wird an Ort und Stelle durch Umkristallisieren Magnesiumsulfat (Bittersalz) hergestellt. Bei der Verarbeitung von 100 kg Rohkieserit sollen sich nach den Angaben von Schmidtmannshall[1] 50 l Waschwasser ergeben. Dieses enthält im Liter[2]

> 200 g Chlornatrium,
> 18 g Chlorkalium,
> 15 g Magnesiumsulfat,
> 13 g Magnesiumchlorid.

Hiernach ist Kochsalz der Hauptbestandteil dieser Waschwässer. Die übrigen, in ihnen enthaltenen Salze genügen aber immerhin, diesen Abwässern eine Härte von 1466 d. Graden zu verleihen.

Aus anderen veröffentlichten Analysen geht hervor, daß die Zusammensetzung der Kieseritwaschwässer nicht unerhebliche Schwankungen zeigt.[3]

Die Gesamtmenge des verarbeiteten künstlichen Kieserits soll sich auf reichlich 1% des verarbeiteten Rohcarnallits belaufen[4]. Hiernach muß die Gesamtmenge der Kieseritwaschwässer etwa $\frac{1}{100}$ der oben angegebenen Endlaugen betragen, mithin für das Jahr 1911 21 800 cbm und pro Produktionstag $72\frac{2}{3}$ cbm. Davon würden nach obigen Abschätzungen auf die Elbe rd. 12 600 cbm entfallen. Auch diese Kieseritwaschwässer werden in die Flußläufe abgeleitet.

Wittgen hat ein Verfahren in Vorschlag gebracht, wonach die auf Kieserit zu verarbeitenden Rückstände mit konzentrierter Kochsalzlösung behandelt werden sollen. Auch das Kochsalz geht dann nicht in Lösung und kann in fester Form in die Schächte zurückgebracht, mithin den Flußläufen ferngehalten werden. Dieses Verfahren soll in Rastenberg zur Anwendung kommen.

Außer den Endlaugen und den Kieseritwaschwässern kommen bei der Kali-Industrie noch andere salzhaltige Abwässer in Betracht, die sich bei dem Wegwaschen der Rückstände ergeben, ferner sog. Sumpf- und Schachtwässer, d. h. Wasseransammlungen in Schächten, die abgepumpt werden müssen. Die hierher gehörigen Mengen sind für die meisten Werke nicht berechenbar und bei normalem Betrieb in der Regel im Vergleich zu den übrigen Abwässern von verhältnismäßig geringer Bedeutung, ebenso wie die Auslaugungen salzhaltiger Halden.

Bei der Verarbeitung von Kieserit auf Kaliumsulfat entstehen Abwässer, die Chlormagnesium enthalten. Bisher spielte die Kaliumsulfat- im Vergleich zu der Chlorkaliumfabrikation

---

[1] Gutachten der wissenschaftlichen Deputation für das Medizinalwesen von 1899, l. c., S. 13.

[2] Ebenda.

[3] Ohlmüller, Fränkel, Gaffky, Gutachten des Reichsgesundheitsrates über den Einfluß der Ableitung von Abwässern aus Chlorkaliumfabriken auf die Schunter, Oker und Aller. Arb. a. d. Kaiserl. Ges.-Amt 1907, Bd. 25, S. 286 u. 287.

[4] Ost, l. c., S. 5, Anm. 2.

eine geringe Rolle. Neuerdings steigert sich aber der Bedarf an Kaliumsulfat merklich. In Zukunft wäre mithin auch auf die hierher gehörigen Abwässer Rücksicht zu nehmen.

Die Menge der Sumpf- und Schachtwässer wird für die einzelnen Werke im Wippergebiet mit 1,5—24 cbm pro Tag angegeben[1]). Auch aus Braunkohlenwerken werden dem Niederschlagsgebiet der Saale salzhaltige Schachtwässer zugeführt, ferner Sole aus verschiedenen Salinen. So z. B. soll die Saline Artern[2]) 3 cbm Sole mit zusammen etwa 800 kg Salzen, vornehmlich Kochsalz, pro Arbeitstag liefern. Die Saline Dürrenberg[2]) soll pro Jahr durchschnittlich 700 000 cbm Sole in die Saale ableiten mit einem Kochsalzgehalt von etwa 8%. Der Chlormagnesiumgehalt dieses Wassers wird mit 0,08% angegeben, würde sich mithin auf 560 t pro Jahr berechnen.

Von hervorragender Bedeutung sind in diesem Zusammenhange die Abflüsse aus dem Mansfelder Schlüsselstollen, dessen Bau schon im Jahre 1809 begonnen wurde, und der im Jahre 1879 bis zu den Eisleber Revieren durchgetrieben worden war[3]). Ursprünglich soll er Schachtwässer von verhältnismäßig geringem Salzgehalt abgeführt haben. Allmählich steigerte sich aber sowohl die Menge der Abwässer als auch der Salzgehalt in ihnen. Eine plötzliche Steigerung erfuhr die Salzabführung durch diesen Stollen im Herbst 1889, als der Salzige See durchbrach und sein Wasser, nach Passieren von Salzlagern, durch den Mansfelder Stollen in die Schlenze und von da in die Saale gelangte. Diese Auslaugung von Salzlagern durch den Salzigen See steigerte sich bis zum Jahre 1892 dermaßen, daß die Mansfelder Werke trotz Errichtung großer Pumpwerke nicht mehr imstande waren, die tieferen Etagen ihrer Schächte wasserfrei zu halten. Es wurden annähernd 1½ cbm/Sek. einer Sole von etwa 8—12% Salzgehalt durch den Mansfelder Stollen abgeführt, pro Tag also bis zu 15 500 t Salze.

Wie aus der nachstehenden Tabelle hervorgeht, haben sich die Verhältnisse nach dem Jahre 1894 etwas gebessert. Die Abflußmengen des Mansfelder Schlüsselstollens sollen aber auch im Jahre 1909 noch durchschnittlich 0,57 cbm/Sek. betragen haben mit einem durchschnittlichen Salzgehalt von etwa 12%[4]). Pro Tag wären demnach damals der Saale durchschnittlich rd. 5900 t Salze durch Vermittlung der Schlenze aus dem Mansfelder Stollen zugeführt worden.

Salzführung des Mansfelder Schlüsselstollens.

	I. Vor Einbruch des salzigen Sees		II. Beim höchsten Stand der Abflußmenge und des Salzgehaltes 1892 1893		III. Jetziger Zustand (1909)	
	Wassermenge	Salze	Salze		Wassermenge	Salze
pro Sekunde	483 l	20,3 kg	151,0 kg	143,3 kg	574 l	68,3 kg
pro Tag	41760 cbm[5])	1754 t[5])	13 045 t[6])	12 382,5 t[6])	49 592 cbm[7])	5905 t[7])
pro Jahr	15,24 Mill. cbm	0,64 Mill. t	4,76 Mill. t	4,52 Mill. t	18,1 Mill. cbm	2,16 Mill. t

Am 16. September 1912 hat uns eine eigene Probenentnahme und Abschätzung der Abflußmengen des Mansfelder Stollens zu Ergebnissen geführt, die sich — trotz der etwas rohen Schätzung

[1]) Wagner, Gutachten, betr. den Antrag der Gewerkschaft Glückauf, das Wasser der Wipper durch Zuführung von Chlorkalium- und Kieseritabwässern aus einer bei Berka für die Tochtergewerkschaften Glückauf-Bebra, Berka und Ost zu errichtenden Fabrik um weitere 15° verhärten zu dürfen. Sept. 1911, S. 22.

[2]) Vogel, III. Nachtragsgutachten in Sachen der Stadt Magdeburg gegen die Mansfeldsche Kupferschiefer bauende Gewerkschaft in Eisleben und Genossen, Dezember 1904, S. 138.

[3]) Ohlmüller, Gutachten, betr. die Verunreinigung der Saale zwischen Halle und Barby, Arbeiten aus dem Kais. Gesundheitsamt 1896, Bd. 12, S. 289.

[4]) Vogel, Gutachten in Sachen der Stadtgemeinde Bernburg wider die Mansfelder Kupferschiefer bauende Gewerkschaft zu Eisleben vom 15./4. 1911, S. 41 u. 43 (34,439 cbm pro Minute — Mittel aus 3 Monaten — Salzgehalt 11,545—12,272 g in 100 ccm).

[5]) Nach Analysen der Mansfelder Gewerkschaft, ausgeführt von v. Baczko in dessen Gutachten gegen Bernburg; nach Vogel, l. c., S. 43 (29 cbm pro Minute, 42 g Salz im Liter).

[6]) Mittelwerte der Mansfeldschen Gewerkschaft, angeführt in den Akten der Stadt Bernburg; nach Vogel, l. c., S. 45.

[7]) 34,439 cbm pro Minute, 11,908 g Salze in 100 ccm, nach Fußnote [4]) oben.

— zufälligerweise fast vollständig decken mit den oben angegebenen Durchschnittswerten von 1909. Hervorzuheben ist aus unseren Befunden, daß die Chlormagnesiummenge dieser Abflüsse auf Grund der ausgeführten Analyse und der von uns geschätzten Abflußmengen sich auf rd. 110 t pro Tag beziffern würde.[1]) Im Jahre 1892 wurde sie auf 208 t im Durchschnitt pro Tag geschätzt.[2])

An verschiedenen Punkten des Querschnittes der Wipper und Saale ist ein sehr hoher Salzgehalt gefunden worden, den man zunächst allgemein auf den Zutritt salzhaltiger Quellen zurückführte. In einem Falle konnte aber festgestellt werden[3]), daß die Abflüsse des eben erwähnten Mansfelder Stollens im Strome nicht gleichmäßig verteilt wurden, sondern durch Rückstau über die Schlenzemündung hinaus saaleaufwärts gelangten und an tiefer gelegenen Stellen am Grunde des Flußbettes zurückgehalten wurden. In einem anderen Falle[4]) konnte der Einbruch einer salzhaltigen Quelle in die Wipper tatsächlich festgestellt werden.

Die zuletzt angeführten salzigen Abwässer und Zuflüsse, die für das Elbgebiet in Frage kommen, lassen sich nicht annähernd zahlenmäßig so genau abschätzen, wie es bei den Endlaugen geschah. Trotzdem will ich im nachstehenden den Versuch machen, auf Grund des mir zur Verfügung stehenden Analysenmaterials eine ungefähre Bilanz zu ziehen.

Im Sommer und Herbst 1912 habe ich das Wasser der Elbe und ihrer Zuflüsse systematisch an solchen Punkten auf Chlorgehalt untersuchen lassen, wo eine nennenswerte Einleitung salzhaltiger Zuflüsse ausgeschlossen war.

Chlorgehalt der Elbe und ihrer Nebenflüsse an Punkten, wo eine Versalzung durch Abwässer der Kali-Industrie nicht stattgefunden hat.

Entnahmestellen	mg Chlor im l
Elbe, oberhalb Melnik	14
unterhalb Melnik	12
bei Dresden	18
bei Tochheim	14—20
Moldau bei Melnik	14
Mulde bei Dessau	18
Saale bei Jena	16
Ilm bei Weimar	16
Unstrut bei Mühlhausen	20
Wipper (U.) bei Bernterode	16
Elster bei Beesen	42
Bode bei Oschersleben	42
Havel bei Havelberg	58

Aus dieser Tabelle geht hervor, daß die Chlorzahlen zwischen 12 mg in der Elbe bei Melnik und 58 mg in der Havelmündung schwankten. Der nächsthöchste Wert findet sich in der Bode bei Oschersleben. Die angegebenen Entnahmepunkte zeigen, daß es sich bei den Angaben in der Tabelle keineswegs um naturreine Wässer handeln kann, sondern um Oberflächenwässer, die zum Teil schon große Mengen chlorhaltiger Zuflüsse erhalten haben, wie z. B. die Havel die gesamten Abwässer Berlins. Dasselbe gilt für die Proben, die aus der Elstermündung entnommen wurden, nachdem dieser verhältnismäßig kleine Fluß schon einen Teil der Abwässer Leipzigs und anderer Städte aufgenommen hat. Bezeichnend ist, daß der Chlorgehalt der Elbe bei Tochheim dicht oberhalb der Saalemündung nach unseren Analysen zwischen 14 und 20 mg im Liter schwankte, obgleich die Elbe hier schon die Abwässer industriereicher Großstädte führt. Alle oben angeführten Befunde zusammenfassend, wird man schließen können, daß das Elbwasser bei Hamburg auch zurzeit einen Chlorgehalt von nicht viel mehr als 20 bis

---

[1]) Die Magnesiahärte bestand zu etwa 90% aus permanenter und zu etwa 10% aus Karbonathärte. Die permanente Magnesiahärte ist hierbei ganz als Chlormagnesium berechnet, weil es uns nur auf eine ungefähre Abschätzung der Werte ankam.

[2]) Vogel, Bernburger Gutachten, l. c., S. 45.

[3]) Gutachten, betr. die Verunreinigung der Saale, l. c., S. 295.

[4]) Wagner, l. c., S. 9.

30 mg im Liter führen würde, wie im Jahre 1852, wenn nicht inzwischen die Kali-Industrie entstanden und die Folgen der beschriebenen Mansfelder Katastrophe in Geltung getreten wären.

Die Richtigkeit dieser Annahme ergibt sich aus folgenden Berechnungen: Am 23. August 1912 vermochte die gesamte Salzzuführung im Oberlauf der Elbe den Chlorgehalt der Elbe bei Tochheim nur bis auf 20 mg im Liter zu steigern. An demselben Tage wurden der Elbe durch die Saale 2,81 Mill. cbm Wasser zugeführt, dessen Chlorgehalt 1600 mg im Liter betrug. In den Zuflüssen zu der Saale konnten wir um jene Zeit teilweise noch höhere Chlorbefunde feststellen, nämlich in der S a l z a bei S a l z m ü n d e 2400 mg im Liter, in der B o d e bei N i e n b u r g 3600 mg im Liter. Der Schlüsselstollen lieferte etwa 45 000 cbm Wasser pro Tag mit einem Chlorgehalt von 76 000 mg im Liter.

Die Saale lieferte am genannten Tage 4500 t Chlor, der ganze Oberlauf der Elbe bis zur Saalemündung führte an demselben Tage nur etwa 660 t Chlor. 7 Tage später, d. h. zu einer Zeit, als die eben berechnete Salzmenge Hamburg erreicht haben konnte, fanden wir dort bei einer täglichen Abflußmenge von 37,22 Mill. cbm einen Chlorgehalt von 176 mg im Liter, woraus sich für jenen Tag eine Gesamtchlormenge von 6550 t berechnet.

Zum Vergleich führe ich an, daß am 1. Juli 1852 die Elbe bei Hamburg einen Chlorgehalt von 24 mg im Liter aufwies bei einer Abflußmenge von 56,16 Mill. cbm, entsprechend 1348 t Chlor an jenem Tage. Am 31. August 1875 wurde bei einer Abflußmenge von 18,58 Mill. cbm bei Hamburg ein Chlorgehalt von 54,6 mg im Liter gefunden, entsprechend einer Gesamtchlormenge von 1015 t.

Wir hätten also bei Fortlassung der Abflüsse aus dem Mansfelder Schlüsselstollen und der Chlormenge, welche die Kali-Industrie und andere ebenfalls seither aufgeblühten Industrien liefern, mit einer Chlormenge von täglich etwa 1200 t zu rechnen, die bei Hamburg pro Tag abgeführt werden würde.

Auf Grund von 30 seit Juli 1912 ausgeführten Untersuchungen konnten wir für die Saale eine Menge von 5900 t Chlor errechnen, die durchschnittlich pro Tag abgeführt wurde. Von dieser Menge sind auf Grund der oben angegebenen Unterlagen 3400 t auf den Mansfelder Schlüsselstollen zu verrechnen. Der Rest von 2500 t ist allen anderen oben erwähnten Chlorquellen einschließlich der Chlorkaliumfabrikation zuzuschreiben. Die Carnallitverarbeitung im Saalegebiet allein schon ergibt eine tägliche Endlaugenableitung von 3220 cbm. Bei einem Chlorgehalt von 303 g im Liter erbringen diese also schon allein rd. 975 t Chlor. Es verbleiben also pro Tag etwa 1525 t Chlor, von denen abgerechnet werden müssen die Chlormengen, die sich ergeben durch Auslaugung von Halden, Abpumpen von Sumpf- und Schachtwässern, aus Salinen, Braunkohlenlagern, verschiedenen industriellen und städtischen Abwässern. Aus derartigen bekannten Zuflüssen ergeben sich pro Tag nur etwa 400 t Chlor. Schließt man die Sodafabrikabwässer der Solvaywerke mit ein, so beläuft sich die hierher gehörige Chlormenge auf etwa 800 t pro Tag. Setzen wir den Rest von 725 t pro Tag auf den natürlichen Chlorgehalt der Saale und ihrer Zuflüsse einschließlich der erwähnten Salzquellen und unbekannten Zuflüsse, so haben wir bei einer Wasserführung von 10 Mill. cbm pro Tag, wie sie sich als Durchschnitt für die fraglichen 30 Untersuchungstage ergibt, auf einen Chlorgehalt von etwa 73 mg im Liter zu rechnen. An Punkten, wo die Saale und ihre Nebenflüsse noch nicht versalzen waren, haben wir zwar nur einen Chlorgehalt von 16 bis höchstens 42 mg gefunden. Hieraus geht hervor, daß unsere Chlorbilanz noch korrekturbedürftig ist, sie ist aber trotzdem weit zufriedenstellender ausgefallen, als man von vornherein erwarten konnte. Jedenfalls sind uns die Hauptchlorquellen, die wir der Industrie verdanken, bekannt. Die teilweise nur hypothetisch angenommenen Salzquellen können keine bedeutende Rolle spielen. Voraussetzung ist hierbei natürlich, daß die Ergebnisse unserer 30 Analysen des Saalewassers und die Unterlagen für den Mansfelder Schlüsselstollen als gute Mittelwerte gelten dürfen.

Auf Grund von 306 im Jahre 1912 ausgeführten Analysen ließ sich berechnen, daß die Elbe bei Hamburg durchschnittlich etwa 6040 t Chlor pro Tag führt. Abgesehen von etwa 1200 t Chlor, rührt diese Chlormenge vorwiegend von dem Mansfelder Schlüsselstollen und der Kali-Industrie her.

Niemand wird behaupten wollen, daß diese Chlormengen bedeutungslos seien, selbst wenn sie in einer Verdünnung auftreten, wie gegenwärtig in Hamburg. Auf die Verhältnisse, die sich in den stärker versalzenen Gebieten der Saale und der Elbe entwickelt haben, werde ich an anderer Stelle noch zurückzukommen haben. Soweit die Versalzung auf Kochsalz zurückzuführen ist, hat sie zurzeit, mit Ausnahme von einzelnen Flußstrecken, bei weitem noch nicht zu so bedenklichen Folgen geführt, wie die Chlormagnesium-Versalzung.

An Chlormagnesium führt die Elbe, berechnet nach dem mittleren Mg-Wert der Tabelle S. 19, pro Tag etwa 1300 t ab, die, bis auf einen kleinen Bruchteil, in ihrer Gesamtmenge den Endlaugen der Kali-Industrie entstammen. Etwa $^1/_{12}$ dieser Chlormagnesiummenge stammt nach unserer Analyse zurzeit aus den Abflüssen des Mansfelder Schlüsselstollens.

In nachstehendem werde ich mich zunächst ausschließlich mit den Endlaugen der Kali-Industrie zu befassen haben.

Verbleib der Endlaugen.

Die Endlaugen werden, wie oben angegeben, zurzeit noch den Flußläufen zugeführt, mit Ausnahme von nur etwa 3%, aus denen kristallisiertes Chlormagnesium hergestellt wird.

Zeitweise werden in den Wasserläufen, die Endlaugen aufnehmen, Magnesium- und Chlormengen gefunden, die weit über die errechneten Durchschnittszahlen hinausgehen. So berechnet H. Beckurts[1] aus seinen Untersuchungen des Schunterwassers bei Querum, daß nach der konzessionierten Carnallitverarbeitung von täglich 2000 dz der Gesamtgehalt des Schunterwassers an Salzen im Liter am 16. Juli 1901 1072 mg hätte betragen müssen; er betrug aber 10 750 mg. Ähnliche Zustände sind auch neuerdings in der Wipper und Unstrut[2] zur Beobachtung gekommen. Weitere Beispiele dafür werde ich weiter unten anzuführen haben.

Durchweg werden solche Befunde darauf zurückgeführt, daß die Endlaugen nicht in gleichmäßigen, den jeweiligen Wasserständen angepaßten Mengen, sondern gelegentlich schubweise entleert werden. Neuerdings pflegen die Behörden den Werken bei jeder Konzessionserteilung aufzuerlegen, daß sie in der Ableitung ihrer Endlaugen Rücksicht auf die Vorflutverhältnisse nehmen. Es sind automatisch wirkende Apparate konstruiert worden, welche die Erfüllung solcher Vorschriften gewährleisten sollen. Z. B. hat L. Hotopp[3] einen Apparat konstruiert (Tafel II, Fig. 1—3), bei dem ein Schwimmer auf ein Ventil so einwirkt, daß der Laugenabfluß im Verhältnis zum jeweiligen Wasserstande zu- oder abnimmt. Solche Apparate funktionieren jedoch nicht sicher, wenn der Vorfluter unterhalb der Beobachtungsstelle durch Wehre aufgestaut ist. Auch während der Frostperiode können sie durch Eisstau erheblich beeinflußt werden.

Um eine gleichmäßige Verteilung der Endlaugen über den ganzen Stromlauf zu erzielen, werden in kleinen Flußläufen perforierte Röhren oder Holzrinnen über die ganze Breite des Wasserlaufes gelegt. Für größere Ströme, wo derartige Einrichtungen sich nicht anbringen lassen, scheinen brauchbare Konstruktionen noch zu fehlen. Die bisher geprüften Mischdüsen haben nicht befriedigt. Man hilft sich in solchen Fällen vorläufig mit der Vorschrift, daß die Endlaugen nicht konzentriert, sondern je nach den örtlichen Verhältnissen mit 1 bis 4 Teilen Wasser verdünnt abgeleitet werden müssen. Vielfach wird vorgeschrieben, daß die Einleitung von mehreren Uferstellen aus über dem Mittelwasserstande des Flusses erfolgen muß. Die Herstellung von Staubecken wird gefordert, welche es den Kaliwerken ermöglichen sollen, die Endlaugen bis zu 24 Tagen oder noch länger aufzustauen. Die größten derartigen von den Behörden geforderten Becken sollen, soweit ich mich orientieren konnte, bis zu 17 000 cbm Endlaugen fassen können.

Um etwaige Verstöße gegen die Vorschriften einer gleichmäßigen, dem Flußwasserstande entsprechenden Ableitung der Endlaugen feststellen zu können, werden amtlich Proben zur chemischen Untersuchung entnommen. Es sind aber auch automatisch wirkende Registrierapparate in Vorschlag gebracht worden, die zum Teil darauf beruhen, daß die

---

[1] Gutachten über Schunter, Oker u. Aller l. c. S. 295.
[2] Gutachten über Wipper und Unstrut, l. c. S. 44 u. 51.
[3] Hotopp, Zur Ableitung d. Kaliendlaugen in öffentl. Gewässer in techn. u. wirtschaftl. Beziehung. 1913, S. 27.

elektrische Leitfähigkeit des Wassers bei zunehmendem Salzgehalt sich vergrößert. Außerdem werden Registrierapparate in die Endlaugenableitungsrohre hineingebaut, welche die Abflußzeiten, das spezifische Gewicht und die Menge der abfließenden Laugen selbsttätig aufzeichnen. Um den Vergleich zu ermöglichen, werden in den Flüssen selbstregistrierende Pegel angebracht. In Vorschlag gebracht ist außerdem eine Zentralisierung sämtlicher behördlicher Beobachtungsstationen. Ich lasse es dahingestellt sein, ob es im Bereiche der Möglichkeit liegt, zu erreichen, daß durch derartige und andere zweckmäßige Einrichtungen die Endlaugen vorschriftsmäßig, d. h. der jeweiligen Wasserführung der Flüsse entsprechend gleichmäßig in die Vorfluter abgeleitet werden. Vorläufig muß jedenfalls noch mit häufigen Verstößen gegen diese wichtige Forderung gerechnet werden. Das geht aus den Tabellen unter dem Kapitel „Gegenwärtiger Versalzungsgrad der Flüsse" (S. 44—48) hervor.

Verhalten der Kaliendlaugen in den Flüssen.

Ausscheidung der Magnesiumverbindungen aus dem Flußwasser durch Selbstentsalzung.

Sehr lebhaft ist die Frage erörtert worden, ob die Magnesiumsalze, die den Flußläufen zugeführt werden, bis zu deren Mündung ins Meer in unverminderter Menge und unverändertem Zustande in dem Flußwasser verbleiben. Die größere Zahl der Autoren, die sich mit dieser Frage befaßt haben, hält eine ausgiebige Ausscheidung der Magnesiumsalze, insbesondere des Chlormagnesiums, aus dem Flußwasser für bewiesen oder doch für möglich. Ein Teil dieser Autoren glaubt an eine direkte oder indirekte Ausscheidung, ein Teil aber an eine chemische Umsetzung, d. h. an eine Verwandlung des Chlormagnesiums in Magnesiumkarbonat.

H. Erdmann[1]) glaubt eine direkte Ausscheidung der Magnesiumsalze bewiesen zu haben. Schlamm, der aus dem Spreebett entnommen war, wo Endlaugen nicht in Frage kommen, nahm etwa 19% des Chlormagnesiums aus einem mit Endlauge versetzten Wasser in sich auf, das in einer Flasche mit diesem Schlamm geschüttelt worden war. Schlamm aus dem Bette der Saale und Bode nahm bei einem vergleichenden Versuch nur 14,5 und 16% Chlormagnesium in sich auf. Erdmann hielt die Schlammproben für gesättigt.[2]) Durch diesen Versuch glaubt er bewiesen zu haben, daß in den Flüssen tatsächlich mit einer ausgiebigen Ausscheidung von Chlormagnesium zu rechnen sei. Besonders wirksam soll diese Ausscheidung sich abspielen können, wo die Endlaugen in hoher Konzentration sich über der Sohle des Flusses hinbewegen.

J. H. Vogel[3]) hat Erdmanns Versuche nachgeahmt, indem er verdünnte Endlaugen 24 Stunden und 8 Tage lang über Schlamm stehen ließ. Dabei trat eine Abnahme des Magnesiums bis zu 7,4% ein. Außerdem stützt Vogel[4]) die Annahme einer biologischen Ausscheidung der Magnesiumsalze auf folgende Versuche. Er entnahm Schlamm- und Vegetationsproben an 4 Punkten des Saalegebietes, nämlich

1. aus der Saale oberhalb der Schlenze, in der kochsalz- und magnesiaarmen Region,
2. aus der Saale zwischen Schlenze- und Bodemündung, der kochsalzhaltigen Region,
3. aus der Bode, der magnesiareichen Region, und
4. aus der Saale unterhalb der Bodemündung, der auch magnesiareichen Region.

Auf die Ergebnisse, zu denen Vogel bei Untersuchung des Schlammes kam, der sich in den Flußbetten an den 4 genannten Punkten fand, legt er keinen Wert. Ich kann von ihrer Besprechung deshalb absehen. Schlußfolgerungen zieht Vogel nur aus seinen Befunden bei Algenvegetationen. Da diese Sand enthielten, so untersuchte er nur den in Salzsäure

[1]) Erdmann, Über das Verhalten des Chlormagnesiums im Flußwasser. Zeitschr. f. angewandte Chemie 1902, S. 449.

[2]) Auch durch Schütteln mit Trübwasser der Saale will Erdmann (ebenda) Magnesia-Abscheidung festgestellt haben, die sich auf 24,7% berechnete, während Bode- und Elbwasser nur bis 4,1% ergeben hätten. Pfeiffer (Zeitschr. f. angew. Chemie, 1902, S. 845) fand aber mit Saalewasser von der nämlichen Probestelle keine Abscheidung.

[3]) Vogel, Gutachten betr. die Abwässerung einer Chlorkaliumfabrik der Gewerkschaft „Einigkeit" in Ehmen bei Fallersleben vom 4. November 1902, S. 9 u. 10.

[4]) Vogel, III. Nachtragsgutachten l. c. S. 208—210.

löslichen Teil der Asche. In 100 g der in Salzsäure löslichen Aschenbestandteile von den Algenvegetationen der 4 genannten Regionen fand er:

Magnesiagehalt der Asche von Algen nach Vogel.

	g MgO in 100 g der in Salzsäure löslichen Asche		
1. in der Saale oberhalb der Schlenze . .	1,26	1,77	2,49
2. in der Saale zwischen Schlenze- und Bode-			
mündung		5,78	
3. in der Bode		12,41	
4. in der Saale unterhalb der Bodemündung		10,04	

In der magnesiareichen Flußwasserregion fand Vogel also erheblich mehr Magnesia in den Algen, die in solchem Wasser gewachsen waren, als in der salzarmen Region. Vogel erblickt in diesen Befunden eine Bestätigung seiner schon früher vertretenen Ansicht über die biologische Selbstentsalzung der Flüsse, erklärt aber, daß seine angeführten, verhältnismäßig recht wenigen Untersuchungen zu weittragenden Schlußfolgerungen nicht berechtigen. Darin kann man ihm nur beipflichten. Tatsächlich genügen die ausgeführten Untersuchungen nicht zur Entscheidung einer Frage von so weittragender biologischer Bedeutung, wie sie hier vorliegt. Im übrigen spielt die Algenvegetation quantitativ in den genannten Flußläufen nicht eine solche Rolle, daß die von Vogel ausgeführten, gewiß recht interessanten Feststellungen eine praktische Bedeutung gewinnen könnten. Das geht auch aus den Bilanzversuchen hervor, die ich weiter unten ausgeführt habe.

Beckurts[1]) hat bei ähnlichen Untersuchungen wie den von Vogel vorgenommenen feststellen können, daß in der Asche von Nuphar luteum das Magnesium, Natrium und Chlor unterhalb der Einleitungsstelle von Kalienlaugen zugenommen hatten, jedoch nur in so geringem Maße, daß er dieser Art der Salzentziehung keine Bedeutung beilegt.

Auch auf Grund zahlreicher Chlor- und Magnesiumbestimmungen im Okerwasser kommt Beckurts zu der Überzeugung, daß eine solche Selbstreinigung nicht wesentlich in Frage kommen kann.

O. Pfeiffer[2]) bestimmte den Gehalt des Saalewassers an Gesamtmagnesia an einem bestimmten Punkte und wiederholte die Untersuchung in derselben Wasserwelle an einer 6½ km weiter stromabwärts gelegenen Stelle. Dort fand er einen unverminderten Magnesiagehalt, obgleich magnesiahaltige Zuflüsse ausgeschlossen waren.

Auch hat Pfeiffer[3]) eine größere Reihe von Elbwasserproben auf ihren Chlormagnesiumgehalt untersucht und festgestellt, daß dieser sich deckte mit dem errechneten Chlormagnesiumgehalt der im Saalegebiet eingeleiteten Endlaugen. Entsprechende Feststellungen konnte er am Unterlauf der Bode machen. Jedoch hat sich später herausgestellt, daß die von ihm angewendete Methode der Chlormagnesiumbestimmung ganz sichere Rückschlüsse doch nicht gestattet.

Eigene Versuche über die Selbstentsalzungsvorgänge in den Flüssen.

Das Wasser unserer Flüsse enthält von Natur Magnesiumsalze. O. Pfeiffer hat, wie eben erwähnt, versucht, diese von Natur vorkommenden Magnesiumsalze von den durch die Endlaugen zugeführten analytisch zu trennen. Dieser meines Wissens einzige, nach dieser Richtung ausgeführte Versuch scheiterte an dem Mangel einer zuverlässigen Methode. Auf eine von H. Precht ersonnene Methode zur Trennung des Chlormagnesiums von anderen Salzen komme ich unten noch zurück.

[1]) Gutachten über Schunter, Oker und Aller, l. c. S. 308 und 309.
[2]) Pfeiffer, Über das Verhalten des Chlormagnesiums im Flußwasser. Zeitschr. f. angew. Chemie 1902, S. 845, und: Die Verunreinigung von Flüssen durch die Abwässer der Kali-Industrie. Zeitschr. f. d. gesamte Wasserwirtschaft, Bd. 3, 1908, S. 77.
[3]) Pfeiffer, Bestimmung des Chlormagnesiums im Wasser. Zeitschr. f. angew. Chemie 1909, S. 435.

Bisher ist sie für Untersuchungen in den Flußläufen nicht angewendet worden, wohl aber bei Untersuchung des Leopoldshaller Leitungswassers von Heyer[1]). Berechnungen, die ich persönlich angestellt habe über das Mengenverhältnis der natürlich vorkommenden Magnesiumsalze zu den in den Endlaugen enthaltenen führten bisher aus dem Grunde zu keinem Resultat, weil unsere Kenntnisse über die Mengen der natürlich vorkommenden Magnesiumsalze zu mangelhaft waren. Wir wußten nicht, ob bei steigenden Abflußmengen der Elbe der Magnesiumgehalt des Wassers geringer werde, gleich bleibe oder ev. auch mit steigen würde. Der hier in Frage kommende Faktor ist aber unentbehrlich für jeden Versuch einer Abschätzung in obigem Sinne. Das geht aus folgenden Zahlen hervor. Die Gesamtmenge der durch die Endlaugen der Elbe zugeführten Magnesiumsalze beläuft sich zurzeit (1911) schätzungsweise auf 367 t Mg pro Tag. An Punkten der Elbe, die oberhalb der Saalemündung, mithin jenseits der Einflußsphäre der Kali-Industrie liegen, haben wir Magnesiummengen konstatieren können, die zwischen rd. 150 und 420 t Mg pro Tag ausmachten. Der natürliche Magnesiumgehalt der Elbe kann mithin unter Umständen die Magnesiummenge sogar überschreiten, welche dem Stromgebiete der Elbe durch die Endlaugen zugeführt wird.

Soweit unsere bisherigen Untersuchungen reichen, konnte eine gesetzmäßige Abhängigkeit des natürlichen Magnesiumgehaltes des Elbwassers von seinen Abflußmengen nicht konstatiert werden. Wir haben z. B. bei Tochheim bei einer täglichen Abflußmenge von rd. 33 Mill. cbm einen Magnesiumgehalt von 4,5 mg Mg im Liter konstatiert; bei einer fast doppelt so hohen Abflußmenge (reichlich 60 Mill. cbm pro Tag) fanden wir nicht etwa weniger Magnesium im Liter, sondern mehr, nämlich 5,6 mg Mg im Liter, was sich durch die vermehrte Auflösung von Magnesiumsalzen durch die Niederschläge erklärt. Unsere übrigen Untersuchungen führten zu entsprechenden Schwankungen.

Das Gesagte genügt, um zu zeigen, daß alle bisherigen Berechnungen über zunehmende Versalzung der Elbe seit Einleitung der Endlaugen an erheblichen Fehlerquellen leiden mußten. Ein näherer Einblick in die Frage, ob eine Selbstentsalzung stattfindet, ist uns erst möglich geworden nach Ausbildung einer Methode, die uns gestattet, die Magnesiumsalze zu differenzieren, d. h. zu untersuchen, ob diejenigen Magnesiumsalze, welche das Elbwasser von Natur enthält, übereinstimmen mit den in den Endlaugen enthaltenen Magnesiumsalzen. Herrn Dr. H. Noll vom Hamburger Hygienischen Institut ist es im Laufe der letzten Jahre gelungen, eine Methode auszuarbeiten und im Jahre 1912 abzuschließen, die es uns gestattet, den eben aufgeworfenen Fragen in wissenschaftlich einwandfreier Weise näherzutreten. Das Ergebnis der mit dieser Methode inzwischen eingeleiteten Untersuchungen gleich vorwegnehmend, hebe ich hervor, daß es uns gelungen ist, nachzuweisen, daß das in dem Elbwasser von Natur vorkommende Magnesiumkarbonat sich von den Magnesiumsalzen trennen läßt, die in den Endlaugen enthalten sind. Der Nachweis, daß im Elbwasser von Natur nur Magnesiumkarbonat vorkommt, ist uns erst auf Grund sehr ausführlicher Untersuchungen in dem gesamten Oberlauf der Elbe gelungen, auf die ich gleich näher einzugehen haben werde. Vorweg möchte ich unter Hinweis auf die als Anlage 1 beigefügte Nollsche Veröffentlichung auf die Idee kurz eingehen, die der neuen wertvollen Methode zugrunde liegt.

Bei dem bisher üblichen ½-stündigen Kochen der zu untersuchenden Wasserprobe scheidet sich das Magnesiumkarbonat wegen seiner verhältnismäßig leichten Löslichkeit nur zum geringen Teil aus. Bei längerem Kochen und Eindampfen der Probe bis auf ¼ ihres ursprünglichen Volumens aber kann man das Magnesiumkarbonat fast quantitativ zum Ausfallen bringen. Bei den früher verfügbaren Methoden wurde eine solche Konzentration des Wassers für nicht zulässig gehalten.[2]) Nach Ausscheidung des Kalzium- und Magnesiumkarbonats bleiben von den Härtebildnern nur diejenigen Salze in Lösung, welche die sog. permanente Härte bedingen (Chlormagnesium, Magnesiumsulfat, Chlorkalzium und Kalziumsulfat). Zieht man die nunmehr bestimmbar gewordene permanente Magnesiahärte von der Gesamtmagnesiahärte ab, so restiert die Karbonathärte der Magnesia. Kontrolliert wird der Befund durch die in der konzentrierten Probe gefundene

---

[1]) Heyer, Das Herzoglich Anhaltische Wasserwerk bei Leopoldshall. Zeitschr. f. angew. Chemie 1911, S. 145.

[2]) Nur Heyer (l. c. S. 155) hat nach einer von Reichardt 1869 beschriebenen Methode die wasserlöslichen Magnesiumverbindungen im Leopoldshaller Leitungswasser durch Eindampfen von 500 ccm bis fast zur Trockne (bis auf 20 ccm) von den wasserunlöslichen getrennt.

permanente Kalkhärte, aus der sich sowohl das Magnesiumkarbonat wie auch die permanente Magnesiahärte berechnen lassen.

Schon im Jahre 1879 hat H. P r e c h t[1]) eine Methode zur Bestimmung des Chlormagnesiums in Mineralien und Salzgemischen angegeben, die inzwischen von dem Kalisyndikat als einzige zuverlässige Methode zur Unterscheidung der nicht carnallitischen Rohsalze und der Carnallitsalze angenommen worden ist. Sie beruht darauf, daß das Chlormagnesium aus dem Carnallit durch Alkohol ausgezogen werden kann. Die Prüfung dieser Methode auf Verwendbarkeit für die uns hier interessierende Aufgabe der Wasseruntersuchung ist auf Prechts Anregung in Aussicht genommen worden. Ergebnisse sind mir nicht bekannt geworden. Durch eigene Prüfungen ist H. N o l l zu der Auffassung gekommen, daß die Prechtsche Methode zur Differenzierung des Chlormagnesiums für Flußwasser nicht brauchbar ist.

Die beschriebene Nollsche Methode genügt, wie gleich gezeigt werden wird, vollständig nicht nur zur Orientierung über die durch die Endlaugen bedingte fortschreitende Versalzung der Elbe und Weser, sondern auch zur Stellungnahme zu der behaupteten Selbstentsalzung der Flüsse.

Unter Verwendung der beschriebenen Nollschen Methode haben wir zunächst versucht, einen Aufschluß darüber zu bekommen, ob und in welchen Mengen diejenigen Magnesiumsalze, welche die permanente Magnesiahärte bedingen, in der Elbe und deren Nebenflüssen von Natur vorkommen. Im Juli 1912 wurden Wasserproben aus der E l b e oberhalb der Saaleeinmündung, aus der M o l d a u, der M u l d e, der S a a l e, der U n s t r u t (Wipper) und der B o d e zur chemischen Analyse entnommen und unter Anwendung der Nollschen Methode auf ihren Gehalt an permanenter Magnesiahärte geprüft. Dabei ergab sich, daß das Wasser des ganzen Oberlaufes der Elbe und ihrer Zuflüsse bis T o c h h e i m hinunter frei war von solchen Salzen, welche die permanente Magnesiahärte bedingen (Anlage 2). Auch die Saale war oberhalb J e n a und die Bode oberhalb O s c h e r s l e b e n frei von Chlormagnesium und Magnesiumsulfat. Nur im Oberlauf der W i p p e r (Unstrut) und U n s t r u t wurde permanente Magnesiahärte gefunden, jedoch in sehr geringer Menge. Befunde bis zu 0,5 Härtegraden müssen bei der Nollschen Methode als innerhalb der Fehlergrenze liegend betrachtet werden. Befunde von weniger als 0,5 permanenten Härtegraden habe ich deshalb hier nicht mit in Berechnung gesetzt. Der Vollständigkeit halber erwähne ich, daß auch das Wasser der H a v e l frei war von permanenter Magnesiahärte.

Im Hinblick auf die große Bedeutung der hiermit festgestellten Tatsache haben wir die Probenentnahmen im September und November 1912 wiederholt und auf weitere Nebenflüsse der Elbe ausgedehnt. Namentlich interessierte uns auch die Frage, ob das Wasser der Wipper (Unstrut) und der Unstrut noch weiter stromaufwärts eventuell frei sein würde von permanenter Magnesiahärte.

Wiederum erwies sich das Wasser der Elbe bis T o c h h e i m hinunter frei von permanenter Magnesiahärte, d. h. es wurden nur 0,2° gefunden, die innerhalb der Fehlergrenze liegen (Anlage 2). Von den Nebenflüssen der Saale war die E l s t e r im September bis zu ihrer Mündung in die Saale frei von p. Mg-Härte (0,25°), im November enthielt sie 1,02° p. Mg-Härte, die S a a l e war bis J e n a frei (0,12° und 0,30°). Nur wenig anders lagen die Verhältnisse bei den weiter nordwestlich gelegenen Nebenflüssen der Saale. Die J l m wies oberhalb des Gebietes, wo die Einleitung von Endlaugen in Frage kommt, im September eine p. Mg-Härte von 0,82° und im November von 0,20° auf, die U n s t r u t bei M ü h l h a u s e n im September eine solche von 4,16°. Der gleichzeitig festgestellte Chlorgehalt zeigt, daß höchstens 1,58° hiervon auf Chlormagnesium entfallen können. Die W i p p e r (U.) wies bei N i e d e r o r s c h e l eine p. Mg-Härte von 2,62° auf. An der Quelle in W o r b i s enthielt das Wipperwasser 0,52° p. Mg-Härte, an der J a k o b s q u e l l e dagegen 4,21° bei nur 14 mg Chlor im l.

Daß die Bode von Natur frei ist von p. Mg-Härte, war, wie oben erwähnt, bei der ersten Probenentnahme schon festgestellt worden. Es mag noch bemerkt werden, daß außer der schon genannten H a v e l die sonstigen kleineren, weiter stromabwärts gelegenen Nebenflüsse der Elbe frei

---

[1]) P r e c h t, Maßanalytische Bestimmung des Magnesiums. Zeitschr. f. analyt. Chemie, Bd. 18 (1879), S. 439.

waren von p. Mg-Härte. Auch die in diesen kleineren Nebenflüssen der Elbe erhobenen Befunde finden sich in der Anlage 2.

Das Wasser der J u l d a erwies sich bei der Vereinigung mit der Werra bei H a n n o v. M ü n d e n ebenfalls frei von p. Mg-Härte (0,22°). Das Wasser der W e r r a zeigte in ihrem Oberlaufe bei M e i n i n g e n ebenfalls eine p. Mg-Härte von nur 0,1°. Die Befunde in den kleineren Nebenflüssen der Weser finden sich ebenfalls in der Anlage 2.

Diese umfassenden Feststellungen haben also ergeben, daß so wohl die Elbe wie auch die Weser von Natur annähernd völlig frei sind von Chlormagnesium und Magnesiumsulfat. Jedenfalls haben sie sich bis zur ersten Einleitungsstelle von Kalienblaugen frei erwiesen von permanenter Magnesia härte. Nur im Bereich der J l m, W i p p e r und U n s t r u t werden aus den dort vorhandenen marinen Ablagerungen diese Salze gelöst und den Flußläufen zugeführt, jedoch, wie oben dargelegt, in so geringen Mengen, daß sie das Gesamtbild nicht stören. Die Mischung mit anderen Wasserläufen genügt, um die diesen Flüssen von Natur zugeführte p. Mg-Härte bis auf eine Menge herabzudrücken, die innerhalb der oben bezeichneten Fehlergrenze liegt. Hiernach darf die gesamte — die Fehlergrenze von 0,5° überschreitende — permanente Magnesiahärte des Elb- und Weser wassers auf Rechnung der zugeführten Endlaugen gesetzt werden, abgesehen von dem verhältnismäßig kleinen Bruchteil, der aus den Abflüssen des Mansfelder Stollens stammt.

Ganz anders fielen unsere Befunde aus an solchen Punkten der Flußläufe, wo diese Endlaugen der Kali-Industrie führten. An der Mündung der B o d e bei N i e n b u r g fanden wir im Juli 120,4° p. Mg-Härte, also eine Verhärtung, die fast so groß war wie diejenige, die wir im September in dem Abflußgraben des Mansfelder Schlüsselstollens bei Friedeburg fanden (146,7° p. Mg-Härte). In der S a l z a bei S a l z m ü n d e fanden wir im September 112,1° p. Mg-Härte, in der W i p p e r (U.) bei S a c h s e n b u r g im Juli 72,9° p. Mg-Härte, in der U n s t r u t bei Kl. J e n a im Juli 29,5° p. Mg-Härte und in der J l m bei G r o ß h e r i n g e n im September 23,0° p. Mg-Härte. Der Gesamtabfluß der S a a l e wies am 5. Juli 22,8° p. Mg-Härte auf.

Man pflegt die Magnesiaverhärtung auch zum Ausdruck zu bringen durch den im Wasser gefundenen MgO-Gehalt. Wie sich aus den Tabellen in Anlage 2 ergibt, entsprechen die von uns im Gebiete der Saale angetroffenen Grade der permanenten Magnesiahärte 0,7 bis 860 mg MgO im Liter (Saale bei Jena und Bode bei Nienburg).

Aus den oben mitgeteilten Befunden lassen sich noch nicht ohne weiteres Rückschlüsse in betreff der behaupteten Selbstentsalzung der Flüsse ziehen. Dazu sind Vergleiche nötig zwischen den die permanente Magnesiahärte bedingenden Salzen in der Unterelbe, etwa bei Hamburg, und denen, die sich bei der Saalemündung finden, unter Berücksichtigung der Abflußmengen der Saale und Elbe.

Die Abflußmengen der Saale werden regelmäßig festgestellt. Sie stehen uns nach den Beobachtungen an dem Pegel bei G r i z e h n e zur Verfügung. Ebenso sind uns die Abflußmengen der Elbe nahe bei H a m b u r g (Artlenburg) bekannt.

Die Pegelablesungen bei Grizehne bedürfen an dieser Stelle keiner weiteren Erläuterung. An anderer Stelle werde ich darauf zurückzukommen haben im Zusammenhang mit den Verhältnissen während der Frostperioden. Nur soviel mag hier schon erwähnt werden, daß der Pegel bei Grizehne bei Eisstand Rückschlüsse auf die Abflußmengen der Saale nicht zuläßt, sondern selbst bei geringster Wasserführung der Saale, wie sie sich während der Frostperioden von Natur ergibt, hohe Wasserstände verzeichnet.[1]

In der Nähe von Hamburg sind mehrere Elbpegel vorhanden. Wir haben unseren Berechnungen nicht die Wasserstände zugrunde gelegt, wie sie von den Pegeln des Hamburgischen Staates registriert werden, sondern den preußischen Pegel bei A r t l e n b u r g gewählt aus dem Grunde, weil er nicht unter dem Einflusse von Ebbe und Flut steht, jedoch nahe der Hamburger Grenze liegt,

---

[1] O. P f e i f f e r, Studien über Beschaffenheit und Bewegungserscheinungen des Elbwassers. Zeitschr. f. d. ges. Wasserwirtschaft, Bd. 3, 1908, S. 375.

wo Zuflüsse zur Elbe, die zu nennenswerten Fehlern führen könnten, nicht mehr in Frage kommen. Der Nullpunkt des Pegels bei Artlenburg liegt 2,980 m über dem Berliner Normalnullpunkt, der für ganz Preußen gilt. Der Hamburgische Normalnullpunkt liegt, wie ich nicht unerwähnt lassen möchte, 6,518 m tiefer als der Nullpunkt des Pegels bei Artlenburg. Der Artlenburger Pegel ist selbstregistrierend. Die Strömungsgeschwindigkeit wird zeitweise durch einen Woltmannschen Flügel kontrolliert. Da somit der Stromquerschnitt und die Stromgeschwindigkeit bekannt sind, so lassen sich die Abflußmengen mit annähernder Genauigkeit bestimmen, solange die Elbe nicht zugefroren ist.

Die Zeitdauer, die ein Tropfen Wasser braucht, um von der Saalemündung bis nach Artlenburg zu kommen, ist nicht sicher bekannt. Sie ändert sich natürlich auch bei den schwankenden Abfluß- und Strömungsverhältnissen von Tag zu Tag. Schätzungsweise wurde sie mir von zuständiger Seite mit 7—10 Tagen angegeben. Ich habe deshalb Wasserproben bei Grizehne entnehmen lassen und entsprechend später bei Hamburg, um festzustellen, ob der bei Hamburg angetroffene Gehalt an permanenter Magnesiahärte demjenigen bei Grizehne entspräche.

Am 5. Juli 1912 wurde bei Kl.-Rosenburg eine permanente Magnesiahärte entsprechend 97,6 mg Mg im Liter Saalewasser gefunden bei einer Abflußmenge von 3,72 Mill. cbm. Am 14. Juli wurde bei Hamburg im Elbwasser eine p. Mg-Härte entsprechend 9,1 mg Mg im Liter gefunden bei einer Abflußmenge von 32,70 Mill. cbm. Das Saalewasser war also 8,8 mal verdünnt. Rechnerisch hätten wir demnach, falls mit einer Selbstentsalzung nicht zu rechnen ist, 11,1 mg Mg im Liter finden müssen. Wir fanden, wie gesagt, 9,1 mg.

Am 23. August 1912 wies eine bei Grizehne entnommene Wasserprobe eine p. Mg-Härte auf, die 138,2 mg Mg im Liter entsprach, bei einer Abflußmenge der Saale von 2,81 Mill. cbm. Eine am 30. August bei Hamburg entnommene Wasserprobe enthielt 9,7 mg Mg im Liter (als p. Mg-Härte) bei einer Abflußmenge von 37,22 Mill. cbm. Hiernach hatte das Saalewasser zu jener Zeit eine 13,2-fache Verdünnung erfahren. Wir hätten also, wenn eine Selbstentsalzung nicht in Frage käme, bei Hamburg eine 13,2 mal geringere Menge Mg im Liter finden müssen, d. h. 10,5 mg. Gefunden haben wir, wie dargelegt, 9,7 mg.

Beide Differenzen liegen innerhalb der oben bezeichneten Fehlergrenze der Methode, die bei der Berechnung auf Härte 0,5° betragen würde. Die Endlaugenmengen, welche zwischen der Saalemündung und Hamburg um jene Zeit in die Elbe geleitet wurden, sollen hier zunächst vernachlässigt werden.

Auf den ersten Blick könnte man hiernach glauben, es sei uns gelungen, auf diesem Wege sicher nachzuweisen, daß mit einer Selbstentsalzung — d. h. in diesem Falle Ausscheidung oder Umsetzung von Chlormagnesium und Magnesiumsulfat — nicht zu rechnen ist. Auf eine so weitgehende Übereinstimmung hatte ich bei der Einleitung dieser Untersuchungen nicht gerechnet, angesichts der von Tag zu Tag sich ändernden Stromgeschwindigkeiten, namentlich aber auch im Hinblick darauf, daß die Endlaugen nicht regelmäßig, sondern zum großen Teil schubweise entleert werden. Unkontrollierbar ist ferner die Einwirkung der Wehre in der Saale und ihren Nebenflüssen, z. B. des Rothenburger Wehres unterhalb Friedeburgs, auf die vorübergehende Zurückhaltung der salzigen Abflüsse oder die plötzliche Weitergabe großer Mengen davon. Am 23. August 1912 fanden wir, wie oben dargelegt, bei einer Abflußmenge der Saale von 2,81 Mill. cbm bei Grizehne eine permanente Magnesiahärte entsprechend 138,2 mg Mg im Liter, die auf eine tägliche Carnallitverarbeitung von 73 300 dz würden schließen lassen.[1] Am 31. August 1912 fanden wir aber an demselben Punkte bei einer täglichen Abflußmenge der Saale von 10,32 Mill. cbm eine permanente Magnesiahärte entsprechend 67,6 mg Mg im Liter, gleich einer Carnallitverarbeitung von 131 600 dz pro Tag. Inwiefern diese Befunde auf schubweise Entleerung der Endlaugen und auf eine Einwirkung der erwähnten Wehre zurückzuführen sind, wird sich kaum noch feststellen lassen. Außerdem beruhen die Angaben darüber, welche Zeit das Saalewasser braucht, um Hamburg zu erreichen, nicht auf festen Unterlagen.

Um festzustellen, ob damit gerechnet werden dürfte, daß die Endlaugen bei Grizehne über den ganzen Stromlauf gleichmäßig verteilt sind, wurden an fünf über den Querschnitt der Saale

---

[1] Vergl. Fußnote [2] auf Seite 19.

verteilten Punkten Proben entnommen und auf Chlor untersucht. Am 9. Oktober 1912 betrug der Chlorgehalt (mg pro Liter):

am linken Ufer 1064
ca. 10 m vom linken Ufer . 1060
ca. 20 m vom linken Ufer . 1060
ca. 20 m vom rechten Ufer . 1056
ca. 10 m vom rechten Ufer . 1060
am rechten Ufer 1064

Wiederholungen dieser Untersuchungen an anderen Tagen führten zu gleichen Ergebnissen. Der Chlorgehalt bietet für die hier zur Erörterung stehende Frage eine genügend sichere Unterlage. Die Ergebnisse zeigen, daß an jenen Tagen mit einer gleichmäßigen Verteilung des Salzgehaltes über den ganzen Querschnitt der Saale gerechnet werden durfte. Von Ohlmüller[1] ist festgestellt worden, daß schon nahe unterhalb Nienburgs eine gründliche Mischung der salzigen Zuflüsse mit dem Saalewasser stattgefunden hatte.

Um festzustellen, ob die erwähnten Schwankungen im Salzgehalt des Saalewassers sich bis Hamburg hinunter geltend machten, und ob die auf 7—10 Tage abgeschätzte Zeitdauer des Abflusses des Saalewassers bis Hamburg zutreffend sei, haben wir, nachdem in Grizehne eine Probe am 1. Oktober 1912 entnommen worden war, in Hamburg vom 8. bis 10. Oktober täglich Proben entnommen. Am 1. Oktober enthielt 1 l Saalewasser bei Grizehne 86,9 mg Mg (als p. Mg-Härte), entsprechend 420,6 t Mg pro Tag bei einer Abflußmenge der Saale von 4,84 Mill. cbm. In der Zeit vom 8. bis 10. Oktober ergaben sich für die Elbe bei Hamburg folgende Resultate:

Permanente Mg-Härte im Elbwasser bei Hamburg.

Datum	Permanente Mg-Härte als mg Mg im Liter	Abflußmenge in Millionen cbm pro Tag	Mg in t pro Tag
8. 10. 12.	6,8	45,67	310,6
9. 10. 12.	7,0	45,67	319,7
10. 10. 12.	7,0	45,36	317,5

Nach der abgeschätzten Strömungsgeschwindigkeit der Elbe würde der Befund in der Elbe bei Hamburg vom 8. bis 10. Oktober zu vergleichen sein mit dem Befund bei Grizehne am 1. Oktober. Anstatt 420 t Mg fanden wir, wie aus der vorstehenden Tabelle hervorgeht, an diesen Tagen bei Hamburg 310,6—319,7 t Mg pro Tag. Die Befunde decken sich zwar nicht vollständig, aber doch besser, als man von vornherein erwarten konnte, zumal es sich ja hier nur um Voruntersuchungen handelt, bei denen noch nicht alle notwendigen Punkte berücksichtigt werden konnten, z. B. die Frage, ob nicht in der Saale an den vorhergehenden Tagen ganz andere Resultate zu verzeichnen waren. Durch weitere Untersuchungen sind wir bestrebt, diese wichtige Frage aufzuklären.

Auch auf anderem Wege können wir der aufgeworfenen Frage der behaupteten Selbstentsalzung der Flüsse nähertreten. Die Menge des im Saalegebiet verarbeiteten Carnallits und der dabei produzierten und in die Flüsse geleiteten Endlaugen ist annähernd bekannt. Die dortige Carnallitverarbeitung wird, wie wir auf Seite 6 gesehen haben, für 1911 mit etwa 78 400 dz werktäglich angegeben, d. h., auf 365 Tage des Jahres berechnet, 64 470 dz täglich. Rechnen wir die Abflüsse des Mansfelder Stollens mit einer permanenten Magnesiahärte, entsprechend einer täglichen Verarbeitung von 5000 dz Carnallit, hinzu, so kommen wir im Saalegebiet auf eine permanente Magnesiahärte, die einer täglichen Verarbeitung von rd. 70 000 dz Carnallit entspricht.

14 Wasserproben, die von uns bei Grizehne in der Zeit vom 5. Juli bis 31. Oktober 1912 entnommen und auf permanente Härte untersucht wurden, ergaben eine durchschnittliche permanente

---

[1] Gutachten, betr. die Verunreinigung der Saale, l. c. S. 309, Anlage 5.

Härte, die, auf die jeweilig in Frage kommenden Abflußmengen verrechnet, einer durchschnittlichen täglichen Ableitung von 458 t Mg entsprach, gleich einer durchschnittlichen Carnallitverarbeitung von 86 400 dz pro Tag.

Unter diesen 14 Proben befindet sich auch die schon auf Seite 17 erwähnte vom 31. August mit einer permanenten Härte, die einer Carnallitverarbeitung von 131 600 dz entsprach, ferner eine Probe vom 26. Oktober, die einer täglichen Carnallitverarbeitung von 112 900 dz entsprach. An drei anderen Tagen entsprachen die erhobenen Befunde einer Carnallitverarbeitung von 92 400 bis 97 400 dz. Die niedrigste Zahl, die bei diesen 14 Proben gefunden wurde, entsprach einer Carnallitverarbeitung von 65 100 dz.

Ich fühle mich nicht berechtigt, auf Grund dieser verhältnismäßig wenig zahlreichen Befunde zu erklären, die Carnallitverarbeitung im Saalegebiet sei größer, als sie zurzeit allgemein geschätzt wird. Wie sehr hier Vorsicht geboten ist, geht schon aus der Tatsache hervor, daß im Unterlauf der Saale Schwankungen der Salzführung bis um 100 % beobachtet worden sind[1]). Im übrigen scheint der oben angegebene Durchschnittswert von 14 Analysen nicht zu hoch, wenn man zu den oben angegebenen Abwassermengen auch noch die Kieseritwaschwässer und Sulfatabwässer sowie die Schachtwässer hinzurechnet.

Die folgende Tabelle bringt die bei Hamburg erhobenen Befunde an permanenter Magnesiahärte.

Gehalt des Elbwassers bei Hamburg an permanenter Magnesiahärte und die daraus berechnete Endlaugenzuführung.

Datum	Permanente Mg-Härte als mg Mg pro l	Abflußmenge in Millionen cbm pro Tag	Mg in t pro Tag	Daraus berechnet[2])	
				cbm Endlaugen pro Tag	Carnallitverarbeitung in dz pro Tag
14. 7. 12.	9,1	32,70	297,6	2810	56 200
7. 8. „	12,3	22,37	275,2	2600	52 000
17. 8. „	6,9	45,98	317,3	2990	59 800
30. 8. „	9,7	37,22	361,0	3410	68 200
8. 10. „	6,8	45,67	310,6	2930	58 600
9. 10. „	7,0	45,67	319,7	3020	60 400
10. 10. „	7,0	45,36	317,5	3000	60 000
17. 10. „	7,1	41,64	295,6	2790	55 800
18. 10. „	8,0	41,02	328,2	3100	62 000
31. 10. „	9,4	37,79	355,2	3350	67 000
1. 11. „	10,6	40,71	431,5	4070	81 400
2. 11. „	9,7	38,66	375,0	3540	70 800
3. 11. „	9,0	37,50	337,5	3180	63 600
4. 11. „	7,6	36,66	278,6	2630	52 600
5. 11. „	8,4	36,66	307,9	2900	58 000
6. 11. „	8,4	36,66	307,9	2900	58 000
7. 11. „	8,8	37,50	330,0	3110	62 200
8. 11. „	8,5	39,24	333,5	3150	63 000
9. 11. „	9,1	40,71	370,5	3500	70 000

Nach diesen Befunden würde der Gehalt an permanenter Magnesiahärte im Elbwasser bei Hamburg einer täglichen Carnallitverarbeitung von durchschnittlich 62 100 dz[3]) entsprechen, wenn mit einer Selbstentsalzung oder mit einem Eindringen des Elbwassers in den Untergrund

---

[1]) Vogel, V. Nachtragsgutachten in Sachen der Stadt Magdeburg gegen die Mansfelder Kupferschiefer bauende Gewerkschaft in Eisleben und Genossen vom 20./3. 09, S. 4.

[2]) Unter der Annahme, daß in 1 cbm Endlauge 390 kg $MgCl_2$ und 36 kg $MgSO_4$, also 106 kg Mg enthalten sind.

[3]) Wenn man nach Ost (l. c. S. 5) unter Berücksichtigung der Kieseritwaschwässer für 1 dz Rohcarnallit 60 l Salzlaugen mit insgesamt 5,67 kg Mg annimmt, so würde der Mittelwert der Tabelle für Mg in t pro Tag einer Carnallitverarbeitung von 58 000 dz entsprechen.

3*

auf der in Frage kommenden Strecke gar nicht zu rechnen wäre. Daß die großen, in der Saale konstatierten Schwankungen fortfallen, ist erklärlich, angesichts der langen Abflußzeit, wodurch bis zu einem gewissen Grade ein Ausgleich bedingt werden muß. Im übrigen zeigen die bei Hamburg erhobenen Durchschnittswerte, daß der weitaus größte Teil der End-laugen in unzersetzter Form bis zur Elbmündung gelangt.

Ob der verhältnismäßig geringe Verlust an permanenter Magnesiahärte auf Umsetzung oder Ausscheidung oder aber, was ich für wahrscheinlicher halte, auf Eindringen von Flußwasser in den Untergrund zurückzuführen ist, mag zunächst dahingestellt bleiben.

Die Entfernung der Saalemündung von Hamburg beträgt ca. 230 km. Das Saalewasser soll, wie erwähnt, 7—10 Tage brauchen, um diese Strecke zurückzulegen. Den hypothetischen Selbstentsalzungsvorgängen wäre mithin ausgiebig Gelegenheit gegeben. Die Verluste, die auf solche Vorgänge zurückgeführt werden könnten, sind aber nach unseren Feststellungen so gering, daß sie jede Bedeutung verlieren. Wenn das nach einer so langen Einwirkungsdauer der Fall ist, so kann die behauptete Selbstentsalzung naturgemäß auf Strecken von wenigen Kilometern gar keine Rolle spielen. Wo das Verhältnis zwischen dem Kalziumkarbonatgehalt und der permanenten Magnesiahärte anders liegt als im Elbwasser, können Umsetzungen auch in kürzerer Zeit eintreten. Auch nach dieser Richtung hin muß man sich aber an die erhobenen Befunde halten und vor zu weitgehenden Schlußfolgerungen hüten. An einem Punkte der Bode, wo Endlaugen noch nicht eingeleitet waren, fanden wir eine Kalziumkarbonathärte, entsprechend 29,6 mg Ca im Liter. An einem weiter stromabwärts gelegenen Punkte, wo die Bode erhebliche Mengen von Endlaugen enthielt, war diese Kalziumkarbonathärte vollständig verschwunden und in permanente Kalkhärte umgesetzt. Hier handelt es sich um eine Massenwirkung, die nur bei einer so extremen Endlaugenversalzung in Frage kommen kann, wie sie die Bode aufweist. Aber auch unter solchen Umständen können derartige Umsetzungen eine praktische Bedeutung nicht gewinnen. Nach Ablauf der beschriebenen Umsetzung hatte das Bodewasser eine permanente Magnesiahärte, entsprechend 516,2 mg Mg im Liter. Ohne die Umsetzung würde die Verhärtung 533,9 mg Mg im Liter betragen haben. Die 17,7 mg Mg stellen einerseits nur einen sehr geringen Bruchteil des Gesamtgehaltes an Magnesia dar, anderseits sind sie aber nicht ausgeschieden oder in indifferente Salze verwandelt, sondern in Chlorkalzium, das nicht weniger schädlich ist als Chlormagnesium und Magnesiumsulfat.

Ausschlaggebend ist, daß wir selbst bei Hamburg noch fast die gesamte Chlormagnesium- und Magnesiumsulfatverhärtung finden, die der Saale durch Endlaugen und Schachtwässer zugeführt wird. Daraus ergibt sich, daß auf der ganzen Strecke, die zwischen der Saale und Hamburg liegt, die Versalzungsverhältnisse nicht günstiger liegen können, als wir sie bei Hamburg festgestellt haben. Oberhalb der Havel müssen die Verhältnisse erheblich ungünstiger sein als weiter stromabwärts.

Daß die Verhältnisse in bezug auf Selbstentsalzung im Wesergebiet ebenso liegen wie im Elbgebiet, soll hier nur an einem Beispiel gezeigt werden. Am 3. Juli 1912 fanden wir in einer bei Bremen aus der Weser entnommenen Wasserprobe eine permanente Magnesiahärte entsprechend 13,8 mg Mg im Liter. Die Abflußmenge der Weser betrug 19 Mill. cbm. Daraus war auf eine Endlaugenableitung von täglich 2474 cbm und auf eine Carnallitverarbeitung von werktäglich 60 200 dz zu schließen.

Zur Frage über das Eindringen von Flußwasser in den Boden.

Nach H o e d t[1] wurde bis zum Jahre 1863 allgemein angenommen, die Brunnen eines Fluß-tales würden vom Flusse aus kapillarisch gespeist. Man glaubte also, daß die Brunnen lediglich Flußwasser lieferten. Nach V i r c h o w[2] wurde auch bis zum Jahre 1866 in Berlin allgemein die Auffassung vertreten, das Wasser der Spree und der damit zusammenhängenden Kanäle dränge

[1] Hoedt, Das Grundwasser in seiner hygienischen Bedeutung mit Rücksicht auf die Verhältnisse der Stadt Krefeld. Kor.-Bl. d. niederrh. Ver. f. öff. Ges.-Pfl., 1875, Bd. 4, S. 48.
[2] Virchow, Reinigung und Entwässerung Berlins, 1873, S. 31 ff.

in den Untergrund ein, und die Verschlechterung des Brunnenwassers in vielen Stadtteilen sei unmittelbar dem Eindringen unreinen Flußwassers zuzuschreiben. Für Berlin wurde aber von Scabell und später auch von Hobrecht nachgewiesen, daß die Annahme einer Speisung sämtlicher Brunnen von den Flüssen her irrtümlich sei. Die Beeinflussung des Grundwasserstandes durch den Flußwasserstand faßten diese beiden Autoren lediglich als eine Aufstauung des Grundwassers auf infolge gehinderter Abflußmöglichkeit nach dem Flusse zu. Auch Hoedt vertritt die Meinung, daß allgemein ein unterirdischer Wasserstrom zum Flusse hin stattfinde, nicht aber umgekehrt. Als Unterlage für solche Auffassungen, die bei anderen Autoren wiederkehren, diente die in zahlreichen Orten gemachte Feststellung, daß das Grundwasser einen höheren Wasserstand zeigte als die Flüsse. Daß selbst beim Ansteigen des Wasserstandes in den Flüssen ein Eindringen ihres Wassers in den Untergrund nicht stattfinde, glaubte man durch chemische Untersuchungen festgestellt zu haben. Z. B. wies Salbach[1]) für Bonn nach, daß Brunnen, die dort in der Nähe des Rheines lagen, ein viel härteres Wasser führten als der Rhein und deshalb von diesem nicht gespeist sein konnten. Von den sechs Brunnen des Kölner Wasserwerks Severin konnte Bärenfänger[2]) ebenfalls erklären, daß Wasser vom Rhein her in sie nicht eindränge. Auf der anderen Seite aber konnte Salbach[1]) für das ältere Kölner Wasserwerk Alteburg nachweisen, daß bei starker Absenkung dieser Brunnen das Rheinwasser in die Untergrundschichten eindränge, sich mit dem Grundwasser mische und durch die Brunnen gefördert würde. Diese Angabe hat Bärenfänger bestätigt[3]). Das Severiner Wasserwerk liegt allerdings erheblich weiter vom Rhein entfernt als das Alteburger Wasserwerk. Die zitierten Beobachtungen zeigen aber ohne weiteres, daß man in der Verallgemeinerung solcher tatsächlichen Befunde, wie sie hier in Frage kommen, sehr vorsichtig sein muß, und daß man auf Grund einzelner Feststellungen nicht einmal für einzelne Abschnitte eines Flußlaufes, geschweige denn für ganze Stromgebiete ohne weiteres verallgemeinernde Schlußfolgerungen ziehen darf. Auch Virchow[4]) hat schon trotz der Scabellschen und Hobrechtschen verallgemeinernden Erklärungen darauf hingewiesen, Berlin müßte damit rechnen, daß stellenweise auch das Flußwasser durch Kapillarität in den Untergrund eindringe.

Lueger[5]) hat seine Auffassung in diesen Fragen folgendermaßen formuliert: „Die Geschichte von der Schlammschichte, welche sich an den Böschungen und auf der Sohle der Ströme ablagert und die natürliche Filtration verhindert, glaubt wohl selten mehr jemand. Ein Fluß, welcher bei seinen regelmäßigen Hochwassern stets die Sohle verschiebt und etwa aufgelegte Verschlämmungen entfernt, wird das Verstopfen seines natürlichen Filters nicht eintreten lassen, er müßte denn vorzugsweise schlamm- und nicht geschiebeführend sein. Man hatte die frühere Anschauung in besonderen Fällen nötig für den erwünschten Nachweis, daß das Ergebnis aus unmittelbar neben Flußläufen befindlichen Brunnen ‚reines Grundwasser‘ ohne jede Beimischung von Flußwasser sei; seit man aber weiß, daß solche Anlagen in den Sommermonaten Wasser von 15—16° C liefern, ist das Vertrauen zu den tiefsinnigen Beweisen geschwunden.“ An anderer Stelle spricht sich Lueger[6]) folgendermaßen aus: „Werden Brunnenanlagen in der Nähe offen fließender Gewässer errichtet, so wird fast ohne Ausnahme — bewußt oder unbewußt — die Mitwirkung der letzteren zur Speisung der Brunnen in Anspruch genommen.“ „Ist das Bett eines offen fließenden Gewässers nicht vollständig undurchlässig, so tritt in einen demselben benachbarten Brunnen Flußwasser ein, sobald die Absenkung des Spiegels im letzteren eine tiefere Lage als jene des offenen Spiegels hervorruft. Ein vollständig undurchlässiges Flußbett ist aber äußerst selten vorhanden.“

Das Gutachten des Reichsgesundheitsrats, das sich mit den einschlägigen Verhältnissen in der Schunter, Oker und Aller befaßt, kommt[7]) zu folgendem Schlußsatz: „Eine Beeinflussung des

[1]) Salbach, Bericht über die Erfahrungen, welche in den letzten 25 Jahren bei Wasserwerken mit Grundwassergewinnung sich herausgestellt haben. Journal f. Gasbel. u. Wasservers. 1895, Jahrg. 38, S. 300.

[2]) Bärenfänger, Ist ein Einfluß des Rheins a. d. Brunnen d. Wasserwerks d. Stadt Köln zu konstatieren? Dieselbe Zeitschr. 1905, 48. Jahrg., S. 34.

[3]) Bärenfänger, l. c. S. 32.

[4]) Virchow, l. c.

[5]) Lueger, Theorie d. Bewegung d. Grundwassers i. d. Alluvionen d. Flußgebiete. 1883, S. 62.

[6]) Der Städtische Tiefbau, Bd. 2: Lueger, Die Wasserversorgung der Städte. I. Abt., S. 490.

[7]) l. c. S. 414.

Grundwassers durch das verunreinigte Flußwasser ist nach dem Ergebnis der bisherigen Untersuchungen kaum zu erwarten." Dieser Schlußsatz ist verschiedentlich so aufgefaßt worden, als ob er eine allgemeine Gültigkeit beanspruchte und besagen wollte, daß eine Beimischung von Flußwasser zu dem Grundwasser ganz allgemein nicht zu befürchten sei. Aus den Ausführungen auf S. 357 jenes Gutachtens geht aber klar hervor, daß der zitierte Schlußsatz, wie von vornherein anzunehmen war, sich nur auf das Gebiet der genannten Flußläufe bezieht, und zwar auch nur, soweit die bisherigen Untersuchungen einen Schluß überhaupt gestatten. Es wird aber erklärt, es seien sehr zahlreiche Analysen im Gebiete der genannten Flußläufe ausgeführt. Der Satz dürfte deshalb wohl dort allgemeine Gültigkeit haben, daß die Grundwasserströme nach dem Flusse abfließen und nicht umgekehrt Flußwasser in dieselben zurücktritt.

In dem Gutachten des Reichsgesundheitsrats über die Versalzung des Wassers der Wipper und Unstrut wird erklärt[1]): „Es hat sich bei keinem der untersuchten Brunnen in der Nähe der Unstrut feststellen lassen, daß bei gewöhnlichen Flußwasserständen das Brunnenwasser durch den Eintritt des versalzenen Flußwassers in seiner Beschaffenheit beeinträchtigt wird."

Durch zweckentsprechende Untersuchungen ist also nach dem Gesagten der Beweis dafür erbracht worden, daß in manchen Gegenden selbst Brunnen, die unweit von Flüssen liegen, von diesen Flüssen unabhängig sind und wenigstens bei normalem Wasserstande Zufluß von den Flüssen her nicht erhalten. Daß aber nichts unrichtiger sein würde, als solche Feststellungen nun zu verallgemeinern, geht aus zahlreichen entgegenstehenden Befunden hervor.

Schon im Jahre 1868 hat v. Pettenkofer[2]) darauf hingewiesen, daß der Grundwasserspiegel bei Lyon um 0,3—0,8 m tiefer liegt als der Flußwasserspiegel und deshalb vom Rhonefluß beherrscht werde. Petri[3]) stellte im Jahre 1893 fest, daß der Salzgehalt der Brunnen des Bernburger Wasserwerks durch Zutritt des Saalewassers erhöht worden sei. Ohlmüller[4]) hat für einzelne Brunnen in der Nähe der Haase an der Hand der Schwankungen im Chlorgehalt des Brunnenwassers nachgewiesen, daß das Wasser dieses Flusses zeitweise in den Boden der Umgebung eindringt und sich dem Wasser der in Frage stehenden Brunnen beimischt. Jäger[5]) hat für das Wasserwerk der Gemeinden Münster und Zuffenhausen auf Grund von Temperaturbeobachtungen festgestellt, daß den Brunnen dieses Wasserwerkes gelegentlich Neckarwasser bis zu einer Menge von 42% zufloß. Nach Flügge[6]) hat Jacobi schon im Jahre 1876 behauptet, daß bei Breslau reichliche Mengen Oderwasser in das Grundwasser einzutreten pflegen. Flügge wünschte festzustellen, ob diese Auffassung richtig sei, oder ob es sich nicht vielleicht auch hier lediglich um eine Aufstauung des Grundwassers handelte. Bei niedrigem Wasserstande der Oder beobachtete er, daß von einer Auskleidung des Flußbettes mit lehmigen und tonigen Partikelchen nicht die Rede war. Überall fand sich nur reiner, grober, leicht durchlässiger Sand. Auch an tieferen Stellen des Strombettes förderten die Bagger nur reine Sandmassen. Es fehlte also völlig an dichtenden, feinsten Bestandteilen. Flügge schloß daraus, daß unter solchen Umständen ein ausgiebiger Übertritt von Oderwasser in das Grundwasser stattfinden müßte. Daß das tatsächlich der Fall war, konnte er chemisch nachweisen. Nicht nur zeigten die in der Nähe des Flusses befindlichen Brunnen einen weit geringeren Kalkgehalt als die entfernteren, sondern namentlich ließ sich auch zu Zeiten des Hochwassers eine plötzliche Beeinflussung der chemischen Zusammensetzung des Grundwassers nachweisen, wodurch diese derjenigen des Flußwassers ähnlicher wurde. Ein erhebliches Sinken des Gehalts an Nitraten und Chloriden im Grundwasser machte sich bis zu 200 m landeinwärts und noch weiter geltend.

---

[1]) l. c. S. 105.

[2]) v. Pettenkofer, Die Immunität von Lyon gegen Cholera und das Vorkommen der Cholera auf Seeschiffen. Zeitschr. f. Biologie, Bd. 4, 1868, S. 481.

[3]) Petri, Gutachten, betr. das Leitungswasser der Stadt Bernburg. Arb. a. d. Kais. Ges.-Amte 1893, Bd. 8, S. 606.

[4]) Gutachten über die Verunreinigung der Haase durch die Piesberger Grubenwässer und deren Folgen. Arb. a. d. Kais. Ges.-Amte 1900, Bd. 17, S. 320.

[5]) Jäger, Die beabsichtigte Einleitung der Abwässer von Stuttgart in den Neckar unterhalb Cannstatt und die hiergegen erhobene Einsprache seitens der flußabwärts liegenden Gemeinden. Zeitschr. f. Hygiene u. Inf.-Krankh., Bd. 27, 1898, S. 103.

[6]) Flügge, Über die Beziehungen zwischen Flußwasser und Grundwasser in Breslau nebst kritischen Bemerkungen über die Leistungsfähigkeit der chemisch. Trinkwasseranalyse. Zeitschr. f. Hyg. u. Inf.-Krankh., Bd. 22, 1896, S. 460.

Kruse[1] hat an der Ruhr das Eindringen von Flußwasser in den Untergrund bakteriologisch nachgewiesen. In Barmen vermehrte sich der Keimgehalt des Grundwassers nach Auftreten von Hochwasser in der Ruhr plötzlich um Tausende — und zwar bis zu 32 000 — von entwicklungsfähigen Keimen pro ccm. Brachte Kruse dort zwischen Fluß und Brunnen, und zwar 15 m vom Brunnen entfernt, Prodigiosuskeime in den Untergrund, so konnte er das Auftreten dieser Keime in den Brunnen des Wasserwerkes schon nach 1½ Stunden nachweisen. Auch auf eine 30 m weite Strecke hin wurden die Prodigiosuskeime durch den Wasserstrom mitgerissen. In Essen drang das Ruhrwasser in Filtergalerien, die 75—200 m vom Flusse entfernt lagen.

Die Königliche Prüfungsanstalt für Wasserversorgung und Abwässerbeseitigung[2] kam auf Grund von Untersuchungen über das Kasseler Wasserwerk zu der Auffassung, daß auch dort gelegentlich ein erheblicher Übertritt des Fuldawassers in das Grundwasser stattfinde. Hammerl[3] konnte sowohl auf chemischem wie auf bakteriologischem Wege nachweisen, daß das Wasser der Mur in die Brunnen des Grazer Wasserwerks eindrang, die 18,7—43,7 m vom Flusse entfernt lagen.

Wolf[4] hat betreffs der Dresdener Wasserwerke feststellen können, daß Elbwasser in die Brunnen des Salopper Wasserwerkes und daß Weißeritzwasser in das Löbtauer Wasserwerk eindrang. Dieser Nachweis gelang sowohl chemisch wie auch bakteriologisch.

Wie vorher schon Lehmann[5], Pfuhl[6], Prausnitz[7] und andere, so haben auch Ditthorn und Luerssen[8] farbstoffbildende Bakterien zum Nachweis der Durchlässigkeit des Bodens für Bakterien und des Übertritts dieser in das Grundwasser herangezogen. Ditthorn und Luerssen stellten die Versuche bei zwei stark in Anspruch genommenen Wasserwerken, nämlich bei den Wasserwerken in Tegel und am Müggelsee, an. Der Versuch am Müggelsee verlief negativ. Bei dem Versuch im Gebiet des Tegeler Wasserwerkes wurde in 20 m Entfernung vom Versuchsbrunnen ein Infiltrationsbrunnen in Tiefe von 19 m angelegt, durch welchen das Grundwasser mit Bakterien infiziert werden konnte. Da der Grundwasserspiegel nur wenige Meter unter Terrain lag, so gelangten die Keime, die in diesen Infiltrationsbrunnen hineingebracht wurden, direkt in das Grundwasser. Das Gelände zwischen dem Infiltrationsbrunnen und dem abgepumpten Versuchsbrunnen bestand aus gröberem und feinem Kies bzw. Sand und besaß ein Porenvolumen von 32,8 %. Mit der Prodigiosusaufschwemmung wurde beständig so viel Wasser in den Infiltrationsbrunnen gepumpt, daß das Wasser im Rohr 1—1½ m höher stand als das Grundwasser. Der Versuch führte zu dem Ergebnis, daß Prodigiosus im Brunnenwasser 9 Tage nach der ersten Einschüttung zuerst und 19 Tage nach der letzten Einschüttung zuletzt nachgewiesen werden konnte. Von den eingebrachten Bakterien gelangte aber nur ein geringer Bruchteil, etwa $\frac{1}{40000}$, in den Versuchsbrunnen. Der Versuchsbrunnen förderte täglich durchschnittlich 1435 cbm Wasser.

Bei diesen Versuchen sowie auch bei den vorhin erwähnten Kruseschen Experimenten wurde zwar nicht direkt zu der Frage Stellung genommen, ob Flußwasser in den Boden eindränge. Die erhobenen Befunde lassen aber nach dem vorhin Gesagten Rückschlüsse auch auf diese Frage zu.

---

[1] Kruse, Über die Einwirkung der Flüsse auf Grundwasserversorgungen und deren hygienische Folgen. Zentr.-Bl. f. allg. Ges.-Pflege 1900, 19. Jahrg., S. 118.

[2] Gutachten der Kgl. Versuchs- und Prüfungsanstalt f. Wasserversorgung u. Abwässerbeseitigung über die Frage des Einflusses der Abwässer der bei Neuhof im Kreise Fulda zu errichtenden Kalifabrik auf das Fuldawasser und auf die verschiedenen damit zusammenhängenden Interessen der Residenzstadt Kassel. Erstattet im Auftrage des Magistrats der Residenzstadt Kassel. Berlin, 31. Dezember 1908, S. 3.

[3] Hammerl, Das Wasserwerk der Stadt Graz vom hygienischen Standpunkt aus betrachtet. Arch. f. Hyg., Bd. 27, 1896, S. 266 u. 288.

[4] Wolf, Die Einwirkung verunreinigter Flüsse auf das im Ufergebiet derselben sich bewegende Grundwasser. Arbeiten a. d. Kgl. Hyg. Instituten zu Dresden, Bd. 1, 1903, S. 304 u. 316.

[5] Lehmann, Die Methoden der praktischen Hygiene, 1901, S. 248.

[6] Pfuhl, Untersuchungen über den Keimgehalt des Grundwassers in der Mittelrheinischen Tiefebene. Zeitschr. f. Hygiene u. Inf.-Krankh., Bd. 32, 1899, S. 122.

[7] W. Prausnitz, Über „natürliche Filtration" des Bodens. Dieselbe Zeitschr. Bd. 59, 1908, S. 206.

[8] Ditthorn u. Luerssen, Untersuchungen über die Durchlässigkeit des Bodens für Bakterien. Ges.-Ing. Bd. 32, 1909, S. 681 ff.

Es könnten hier noch viele Beobachtungen angeführt werden, welche den sicheren Beweis dafür erbringen, daß man mit dem Eindringen von Fluß= wasser in den Untergrund und einer Beimischung desselben zu dem Grundwasser zeit= und stellenweise, namentlich zu Hochwasser= zeiten, stets rechnen muß, sofern nicht der Beweis des Gegen= teils erbracht worden ist. Ich sehe davon ab, noch weitere Zitate aneinanderzu= reihen, und halte es für nützlicher, die Beobachtungen, die in einzelnen Wasserwerken nach dieser Richtung hin gemacht worden sind, etwas eingehender zu beschreiben.

Sehr gründliche Beobachtungen über den Zusammenhang zwischen Flußwasser und Grund= wasser hat Herr Baudirektor Bock in Hannover durchgeführt. Dort sind in der Nähe des Leineflusses zwei Grundwasserwerke, das Grasdorfer und das Ricklinger Werk, angelegt worden. Die Wasserführung der Leine zeigt häufig plötzliche, starke Anstiege, und im An= schluß daran steigt regelmäßig auch der Grundwasserspiegel in der Umgebung des Flusses. Sehr klar werden diese Verhältnisse durch Tafel III demonstriert. In Fig. 1 ist das Ansteigen des Wasserspiegels der Leine für den 10., 11. und 13. Februar 1903 durch drei verschiedene Linien angedeutet. Innerhalb drei Tagen stieg der Wasserspiegel der Leine um 90 cm. Der durch dieselben Linien für die betreffenden Tage wiedergegebene Grundwasserstand folgt dem steigen= den Flußwasserstand innerhalb dieser kurzen Periode um nicht weniger als 56 cm. Umgekehrt fällt der Grundwasserspiegel im unmittelbaren Anschluß an das Sinken des Leinespiegels. Fig. 2 zeigt, wie in der Zeit vom 11. bis zum 21. Februar 1905 der Wasserspiegel der Leine um 1,32 m gefallen ist. Im unmittelbaren Anschluß daran fällt der Grundwasserspiegel um 62 cm. Man könnte nun annehmen, daß es sich hier im Grunde nur um einen Aufstau des Grundwassers während der Hoch= wasserperiode und somit um einen dann behinderten Abfluß des Wassers nach dem Flusse zu han= delte. Einer solchen Annahme stehen aber die von Herrn Baudirektor Bock festgestellten Tem= peraturen des Grundwassers, wie auch die Ergebnisse der chemischen Analysen entgegen. Die hierher gehörigen Verhältnisse möchte ich an der Hand der Feststellungen erörtern, die an dem Ricklinger Wasserwerk gemacht worden sind, das nicht weit von dem Grasdorfer Wasserwerk, parallel zu dem Schnellengraben (siehe Tafel IV) und senkrecht zur Leine liegt.

Die 3 Figuren auf Tafel IV veranschaulichen durch die eingetragenen Höhenkurven den Stand des Grundwassers kurz vor, während und nach einer in der Leine aufgetretenen Hochwasserwelle. Dem hierüber von Herrn Baudirektor Bock erstatteten Berichte folgend, führe ich zur Erläuterung der durch die drei eben genannten Figuren veranschaulichten Verhältnisse folgendes an:

„Der Leinewasserstand betrug am 8. Juli oberhalb des Wehres + 51,76 N.N., zeigte am 15. Juli + 52,53 N.N. und darauf wieder am 21. Juli + 51,97 N.N. (siehe oberste Kurve auf Tafel V). Der Schnellegraben, unterhalb des Wehres gelegen, zeigt an den gleichen Tagen die Höhe von + 48,36 N.N., + 49,95 N.N. und + 48,40 N.N. Das Oberwasser war somit in acht Tagen um 0,77 m, das Unterwasser um 1,59 m gestiegen und darauf in weiteren acht Tagen wieder um 0,56 m und 1,55 m gefallen. Das Grundwasser in der Umgebung der Ge= winnungsanlage ergibt für den 8. Juli das auf Tafel IV, Fig. 1 dargestellte Bild. Direkt um die Gewinnungsanlage liegt die Grundwasserkurve + 46,50 N.N., um diese schließen sich trichter= förmig die Höhenkurven so an, daß oberhalb des Schnellengrabens die Kurve + 49,00 N.N. sich befindet, sie liegt 2¾ m unter dem Leinespiegel, während bei dem Schnellengraben der Höhen= unterschied zwischen den benachbarten Kurven und dem Spiegel nur ⅓ m beträgt. Nach Tafel V tritt am 9. Juli das Hochwasser ein. Die Wasserstände in den Saugschächten der Pumpen steigen innerhalb kurzer Zeit in dem Hauptbrunnen I um rd. 4 m, in dem Hauptbrunnen II um rd. 5 m. Die beiden Hauptbrunnen befinden sich an den Enden der Gewinnungsanlage, und aus ihrer Spiegel= hebung ergibt sich, daß der gesamte Grundwasserstand um die Gewinnungsanlage sich entsprechend gehoben haben muß. Tafel IV, Fig. 2 zeigt den Grundwasserplan, wie er für den 15. Juli während des Hochwassers aufgenommen ist; er gibt ein vollständig verändertes Bild der Wasser= verhältnisse des Untergrundes. Da, wo am 8. Juli in der Nähe der Leine die Höhenkurve + 49,00 N.N. sich befand, liegt jetzt die Kurve 50,50; das Grundwasser ist hier innerhalb einer Woche um 1½ m gestiegen. Der tiefe Trichter, der um die Gewinnungsanlage vorhanden war, ift verschwunden. Unabhängig von der Wasserentnahme durch das Pumpwerk zeigt sich ein Trichter mit der Kurve + 49,00 hinter der Gewinnungsanlage landeinwärts im Orte Ricklingen. Eine unterirdische Hochwasserwelle hat sich vom Flusse landeinwärts bewegt und das normale Grundwasser bis jenseits des Wasserwerkes mit überflutet."

In einem zu dem Bockschen Bericht erstatteten Gutachten der Kgl. Preußischen Prüfungsanstalt in Berlin vom 15. Februar 1911 wird die Wassermenge, die während dieser Hochwasserperiode aus der Leine in den Untergrund eingetreten sein dürfte, auf über 3 Mill. cbm geschätzt.

Tafel IV, Fig. 3 „gibt das Grundwasserbild acht Tage nach dem Hochwasser. Ebenso rasch wie die Hochwasserwelle im Fluß verschwunden ist, ebenso rasch ist der unterirdische Hochwassererguß mit dem Fallen des Flusses in diesen wieder zurückgelaufen. So wie während dieser Beobachtungsperiode ein Hin- und Herpendeln des Flußwassers in den Untergrund festgestellt ist, findet im Laufe des Jahres mit dem Wechsel der Flußwasserstände ein ewiges, mehr oder weniger stark ausgeprägtes Hin- und Herpendeln von filtriertem Flußwasser in den Untergrund statt."

Die gegenseitige Abhängigkeit der Wasserstände der Leine und des Grundwassers, die Herr Baudirektor Bock durch diese Darlegungen in so anschaulicher Weise demonstriert hat, deutet er, wie aus dem Gesagten hervorgeht, als einen direkten gegenseitigen Austausch, d. h. als ein Hinüberfließen des Leinewassers in den Untergrund bei steigendem Leinewasser und als ein Herüberfließen des Grundwassers in die Leine bei fallendem Flußwasserspiegel. Daß es sich nicht lediglich um einen Aufstau des Grundwassers bei steigendem Flußwasserspiegel handeln kann, hat Bock zunächst durch die Ergebnisse seiner Temperaturbeobachtungen bewiesen.

Auf Tafel V finden sich die Temperaturen des Grundwassers beim Ricklinger Werk durch eine gestrichelte Linie dargestellt. Diese läßt erkennen, daß das Grundwasser am 8. Juli 10,3° C hatte, nach Eintritt der unterirdischen Inundation 13° und nach Verlauf derselben 12°. Das Ansteigen der Grundwassertemperatur um 2,7° C innerhalb acht Tagen läßt sich nur erklären durch die Annahme, daß wärmeres Flußwasser in den Untergrund eingetreten ist. Ebenso ist die Wiederabnahme der Grundwassertemperatur auf 12° nur zu erklären durch ein vermindertes Hinübertreten von Flußwasser in den Untergrund.

Während die Grundwassertemperaturen bei Wasserwerken, die weitab von Flüssen gelegen sind, sich in unserer Gegend nach Bock höchstens zwischen 8 und 10° C bewegen, schwanken sie im Ricklinger Werk innerhalb eines Jahres zwischen 6—14° C, also um nicht weniger als 8° C.

Eine weitere Bestätigung der Tatsache, daß es sich nicht lediglich um einen Aufstau des Grundwassers, sondern um einen direkten Austausch des Fluß- und Grundwassers handelt, findet sich in den Ergebnissen der chemischen Analyse. Am 15. Juli 1898, d. h. während der eben beschriebenen Hochwasserperiode der Leine, wurde eine umfangreiche chemische Analyse des Leinewassers sowie auch des Ricklinger Grundwassers vorgenommen. Am 15. August, also einen Monat später, wurde diese vergleichende Analyse wiederholt. Das Leinewasser zeigte während der Hochwasserperiode einen erheblichen Abfall verschiedener Analysenwerte. So z. B. betrug der Chlorgehalt während des Hochwassers in der Leine 51,5 mg, nach Ablauf des Hochwassers 117,1 mg im Liter. Ganz entsprechend veränderte sich auch der Chlorgehalt im Grundwasser: am 15. Juli wurden 40,8, am 15. August 74,5 mg Chlor im Grundwasser gefunden. Die Gesamthärte des Leinewassers betrug nach Ablauf des Hochwassers 23,1°, während des Hochwassers 12,1°. Das Grundwasser zeigt nach Ablauf des Hochwassers 24,8°, während des Hochwassers aber nur 14,64°. Auf die übrigen Analysenwerte, die den gleichen Zusammenhang zeigen, braucht hier nicht näher eingegangen zu werden.

Auch beim Grasdorfer Werke konnte der Beweis dafür erbracht werden, daß das Leinewasser dort ebenfalls in den Untergrund eintritt. Die Bohrlöcher, welche dort während der Vorarbeiten hergestellt wurden, zeigten sämtlich einen verschiedenen Chlorgehalt, je nachdem sie näher oder entfernter von dem Leineflusse lagen. Auch nach jahrelangem Betrieb noch konnte die Kgl. Preuß. Prüfungsanstalt bei diesem Werke an den Bohrlöchern feststellen, daß mit zunehmender Entfernung vom Flußlaufe das Verhältnis des Kalkgehaltes zum Magnesiagehalt im Grundwasser abnimmt.

Angesichts solcher Feststellungen wird man sich den Schlußfolgerungen ohne weiteres anschließen müssen, welche die Kgl. Preuß. Prüfungsanstalt auf Grund der mitgeteilten Beobachtungen

gezogen hat, indem sie erklärte: „Es ist deshalb anzunehmen, daß das Flußbett bei Grasdorf bei den dortigen Bodenverhältnissen ebensoviel
Wasser durchzulassen vermag wie ein künstliches Sandfilter." Ferner
geht aus den weiteren Beobachtungen, insbesondere den Höhenkurven, hervor, daß dem Grasdorfer Werke von der Flußseite mehr
Wasser zufließt als von der Landseite. Zu ganz entsprechenden Schlüssen kommt
die Kgl. Preuß. Prüfungsanstalt in bezug auf das Ricklinger Werk.

Herr Baudirektor Bock hat berechnet, daß das Grasdorfer Werk bei normalem Leinewasserstand nicht weniger als 75% Leinewasser und nur 25% Grundwasser fördert, das Ricklinger 50%
Grundwasser und 50% filtriertes Leinewasser. Bei Hochwasser dagegen wird nach Bock ausschließlich filtriertes Leinewasser von den dortigen Wasserwerken gepumpt. Die Überschwemmung des
Grundes durch Flußwasser zu Zeiten von Hochwasserperioden erfolgt, wie aus Tafel IV, Fig. 2 hervorgeht, in Hannover ganz unabhängig von dem Betrieb der Wasserwerke. Der Absenkungstrichter
schreitet, wie weiter oben schon dargelegt wurde, über das Wasserwerk landeinwärts fort.

In Halle a. S. ist der direkte Zusammenhang des Flußwassers mit dem Grundwasser durch
Herrn Baurat Pfeffer und durch Herrn Direktor Dr. Hartwig festgestellt worden. In Halle
scheint die Absenkung des Grundwasserspiegels durch die Brunnen des Wasserwerkes den
Zufluß des Saalewassers zu bewirken. In einer Denkschrift des Herrn Baurat Pfeffer aus
dem Jahre 1908 wird nachgewiesen, daß die Saale bei dem Beesener Wasserwerk eine Lehmschicht von 0,37—4,30 m Stärke durchschneidet, welche das ganze umgebende Gelände bedeckt, und
daß die Sohle des Saaleflusses einen direkten Austausch des Wassers gestattet. Die Höhenkurven
des Grundwasserspiegels ergeben auch bei Halle einen Absenkungstrichter von dem Flusse nach dem
Wasserwerk zu. Daraus kann mit größter Wahrscheinlichkeit auf einen Übertritt des Flußwassers
in den Grund und nach dem Wasserwerk geschlossen werden. Daß dieser Übertritt, d. h. die Beimischung des Saalewassers zu dem Grundwasser, tatsächlich erfolgt, und zwar in sehr ausgiebigem
Maße, hat neuerdings Herr Dr. Hartwig auf Grund der Ergebnisse chemischer Analysen bewiesen. Auf Tafel VI ist der Chlorgehalt des Saalewassers und des Grundwassers vom Beesener
Wasserwerk in Kurven eingetragen für die Zeit vom 6. Juni 1910 bis zum 2. September 1912.
Aus beiden Kurven geht hervor, daß der Chlorgehalt des Grundwassers abhängig ist von dem Chlorgehalt des Saalewassers. Einem stärkeren Anstieg des Chlorgehalts im Saalewasser während der
Zeit von Ende Mai bis Ende November 1911 folgte unmittelbar auch ein entsprechender Chloranstieg
im Grundwasser. Auf Tafel VII ist das Verhältnis von Kalk zu Magnesia, die Gesamthärte,
die Nichtkarbonathärte, die Karbonathärte und die Kalk- und die Magnesiahärte des Saalewassers und
des Grundwassers in Form von Kurven dargestellt, sowie die Wasserstände an den betreffenden Tagen.
Auch aus diesen Kurven ist die Abhängigkeit der Zusammensetzung des Grundwassers von derjenigen des Saalewassers zu erkennen. Besonders stark trat dieses im Jahre 1911 hervor. Daß die
stärkere Verhärtung des Grundwassers durch ein magnesiumreiches Flußwasser bewirkt wurde, ließ
sich entnehmen aus dem Verhältnis von CaO zu MgO. Der Gehalt an MgO erhöht sich im
Vergleich zu dem Gehalt an CaO und nähert sich dem Verhältnis, in dem CaO und MgO
im Saalewasser zueinander stehen.

Es kommt hinzu, daß der Gesamtmagnesiagehalt des Halleschen Leitungswassers, der im
Jahre 1894 im Mittel noch 29,3 mg MgO im Liter[1]) entsprach, in den letzten Jahren beträchtlich gestiegen ist. Im Jahre 1910 betrug er im Durchschnitt von 14 Untersuchungen 32,97 mg MgO
im Liter bei einem maximalen Befunde von 36,8 und einem minimalen Befunde von 29 mg MgO
im Liter[2]). Im Jahre 1911 ergab sich im Durchschnitt von 24 Untersuchungen ein mittlerer Gesamtmagnesiagehalt entsprechend 38,8 mg MgO im Liter, bei einem maximalen Befunde von 53,3 mg
und einem minimalen Befunde von 29,4 mg. Im Jahre 1912 fand man im Durchschnitt von
23 Untersuchungen einen mittleren Gesamtmagnesiagehalt von 50,47 mg MgO im Liter, bei einem
maximalen Befunde von 58,71 mg und einem minimalen Befunde von 39,67 mg.

---

[1]) E. Grahn, Die städtische Wasserversorgung im Deutschen Reiche. 1898, Bd. 1, S. 171, berechnet
nach der dort angeführten Tabelle.

[2]) Analysen des Nahrungsmitteluntersuchungsamtes der Stadt Halle a. S.

Des weiteren scheint mir beachtenswert, daß das Mischwasser der mit ihren Flügeln parallel der Saale verlaufenden Heberleitungen III und IV im November 1912 einen Gesamtmagnesiagehalt entsprechend 60,5 mg MgO im Liter aufwies (Heberleitung III) bzw. 45,67 mg (Heberleitung IV). Die weiter entfernt von der Saale liegende Heberleitung I dagegen förderte an diesem Tage ein Mischwasser, dessen Gesamtmagnesiagehalt rd. 29 mg MgO im Liter entsprach. Diese letztere Heberleitung scheint mir unter dem Enfluß der Elster zu stehen, die im Jahre 1912 einen mittleren Gesamtmagnesiagehalt entsprechend rd. 26 mg MgO im Liter aufweist.

Die hier dargelegten Verhältnisse sind für mich recht überzeugend gewesen dafür, daß das Hallesche Wasserwerk erhebliche Mengen von Saalewasser fördert. Ich habe mich aber davon überzeugen können, daß diese Auffassung nicht allgemein geteilt wird. Es wird behauptet, in das Hallesche Wasserwerk dränge überhaupt kein Saalewasser ein. Das Saalebett sei ausgekleidet mit einer sehr feinkörnigen Braunkohlen-Schlammschicht, welche jede Kommunikation zwischen Grundwasser und Flußwasser vollständig ausschlösse. Dieser Widerspruch schien mir wichtig genug, um nähere Feststellungen an Ort und Stelle zu rechtfertigen. Am Dienstag, den 10. Dezember 1912, waren die Böschungen des Saaleufers tatsächlich hoch hinauf von einer feinkörnigen Schlammschicht bedeckt, die unter starker Rißbildung zu einer festen, tonartigen Masse eingetrocknet war. Ein Hochwasser, das etwa zwei Wochen vorher in der Saale stattgefunden hatte, hatte diese Schlammschicht deponiert. Es stand nun zur Frage, ob auch der von Wasser ausgefüllte Teil des Flußbettes mit einer solchen Schlammschicht bedeckt wäre. Die rechte Hälfte des Flußbettes war stromabwärts von der Brücke an der Merseburger Chaussee mit großen Steinen ausgekleidet, die zur Befestigung des Flußbettes künstlich eingebracht sein sollen. Diese Steine waren nahe dem rechten Ufer von Rasen farbloser Algen und Pilze dicht besetzt. Auf der linken Hälfte des Strombettes war der Boden nicht durch Steine geschützt. Um hier Proben herauf befördern zu können, ohne daß der Schlamm — dessen Vorhandensein behauptet worden war — ausgewaschen wurde, hatte ich einen für solche Zwecke besonders hergestellten Baggerapparat mitgenommen, dessen Konstruktion aus Tafel II, Fig. 4 ersichtlich ist. Ein Zylinder mit senkrecht nach unten gerichteter Öffnung wird an einer Kette hinuntergelassen. An dem oberen Teil des Zylinders ist ein Gummischlauch befestigt, dessen anderes Ende über Wasser reicht und mit einem Ventil luftdicht abgeschlossen wird. Man kann diesen Zylinder in den Strom hinunterlassen, ohne daß er sich mit Wasser füllt. Sobald seine Öffnung auf dem Flußboden aufsteht, öffnet man das erwähnte Ventil. Durch den Wasserdruck wird die Luft aus dem Zylinder durch den Schlauch nach oben mit großer Gewalt herausgedrückt. Gleichzeitig tritt eine Bodenprobe in den Zylinder ein. Schließt man darauf das Ventil ab, so kann man diese Bodenprobe heraufholen, ohne befürchten zu müssen, daß sie dabei ausgewaschen wird.

Am genannten Tage förderte der beschriebene Baggerapparat auf der linken Hälfte der Saale einen mit haselnußgroßen Steinen reichlich durchsetzten, sehr groben Kies, der vollständig frei war von Schlammbestandteilen. Beim Öffnen des Zylinders floß nicht etwa durch Schlamm getrübtes, sondern klares Wasser ab. An zehn anderen Punkten der Saale wurden dieselben Befunde erhoben. Nur in einer Bucht wurde Schlamm auf dem Flußbett gefunden.

Daß eine solche Flußsohle dem Austausch zwischen Grundwasser und Flußwasser nicht den geringsten Widerstand entgegensetzen kann, liegt auf der Hand.

Die beschriebenen Befunde bringen die Erklärung dafür, daß die Brunnen des Beesener Wasserwerkes jedem Anstieg und jedem Sinken des Saalewasserstandes — selbst auf mehrere hundert Meter landeinwärts hin — mit einer überraschenden Promptheit folgen. Das geht auch aus Tafel VIII hervor, wo die Wasserstände der Saale und von fünf Brunnen der IV. Heberleitung eingetragen sind, die 100—400 m von der Saale entfernt liegen. Aus Tafel IX ist ersichtlich, wie beim Ansteigen des Saalewasserspiegels um reichlich 1½ m in der Zeit vom 1. bis 15. November 1912 der Spiegel des Grundwassers auf der ganzen, etwa 400 m langen Strecke, auf der die Brunnen 2—20 des Flügels I liegen, prompt in fast demselben Maße mit ansteigt.

Auf Grund obiger Befunde kann erklärt werden, daß die Zweifel, welche gegen die Feststellungen Pfeffers und Hartwigs erhoben worden sind, jeder Berechtigung entbehren, daß das Beesener Wasserwerk vielmehr als ein klassisches Beispiel für das Eindringen von Flußwasser in das Grundwasser gelten kann.

In Bremen hat Tjaden[1]) festgestellt, daß das Weserwasser in einen Brunnen eindrang, der 75 m vom Ufer entfernt lag, und dessen Filter zwischen 11 und 21 m unter Terrain stand. Die Temperatur dieses Brunnenwassers stieg gelegentlich bis auf 14° C, im Anschluß an Temperatursteigerungen des Weserwassers bis zu 23° C. Ein Brunnen, der nicht unter dem Einfluß des Weserwassers stand, hatte gleichmäßig eine Temperatur von 9° C. Auch chemisch ließ sich der hier zum Ausdruck kommende starke Zufluß von Weserwasser nachweisen. Die Gesamthärte des Brunnenwassers stieg um nicht weniger als 6°, wovon 3,5° auf Kalzium= und 2,5° auf Magnesiumsalze kamen. Letztere mußten also hier vom Flusse aus in den Untergrund eingedrungen sein. Ein Teil derselben schien allerdings durch den Boden zurückgehalten worden zu sein unter Freimachung von Kalziumsalzen, ein Vorgang, auf den ich weiter unten noch näher zurückzukommen haben werde. Der Schwefelsäuregehalt des Brunnens stieg von 70 auf 95 mg im Liter zu einer Zeit, wo er im Weserwasser von 110 auf 160 mg im Liter gestiegen war. Der Chlorgehalt stieg im Brunnenwasser von 30 auf nicht weniger als 197 mg im Liter zu einer Zeit, wo er im Weserwasser von 135 auf 360 mg gestiegen war. Der starke Zufluß von Weserwasser zu diesem Brunnen ist nach Tjadens Darlegungen erheblich begünstigt worden dadurch, daß während der Beobachtungszeit das Weserwasser einige Kilometer stromabwärts von der Beobachtungsstelle durch ein Wehr um 1,50—2,60 m aufgestaut worden war. Selbst ein Brunnen, der 420 m von dem Weserufer entfernt lag, zeigte während der Beobachtungszeit einen Anstieg des Chlorgehalts von 30 auf 76 mg im Liter.

Systematische Versuche über den Zutritt von Oberflächenwasser zum Grundwasser in Hamburg.

1. Vorversuch.

9 m von einem offenen Graben entfernt wurde eine Anzahl Brunnen von 11,70—24 m Tiefe (Oberkante Filter) angelegt, deren Filter in einer wasserführenden, mehr oder weniger grobkörnigen Sandschicht standen. Diese Brunnen wurden zusammengekoppelt und fortgesetzt abgepumpt (120 cbm pro Stunde). Während des Pumpens wurde der Grundwasserspiegel bis auf — 2 m Hamburger N. N. abgesenkt. Während des Pumpversuchs zeigte sich in dem erwähnten Graben eine Senkung des Wasserspiegels, zeitweilig kam es zur völligen Trockenlegung des Grabens. Das Grabenwasser hatten wir durch Fluoreszein in starker Konzentration verfärbt. Während der ganzen Versuchsperiode wurde die anfängliche Konzentration durch weiteren Zusatz von Fluoreszein aufrechterhalten. Außerdem waren Aufschwemmungen von Prodigiosuskeimen dem Grabenwasser zugesetzt. Diese ließen sich bis zum Schluß des Versuchs in dem Grabenwasser nachweisen. Weder Fluoreszein noch auch Prodigiosuskeime ließen sich aber in dem abgepumpten Grundwasser bei täglich mehrfach ausgeführten Untersuchungen zu irgendwelcher Zeit nachweisen.

2. Vorversuch.

An anderer Stelle wurden in einer Entfernung von 16—32 m von einem offenen Graben elf Brunnen angelegt, deren Filteroberkante 10,49—15,60 m unter Terrainhöhe lag. Der offene Graben lag in blauem Ton, ohne, soweit sich feststellen ließ, die Tonschicht zu durchschneiden. Seine Sohle lag bei ca. + 2 m Hamburger N. N. Der Wasserstand, der durch Entwässerungspumpen beeinflußt wurde, schwankte zwischen + 2,20 und + 3,50 m Hamb. N. N. Vor Beginn des Versuchs stand das Wasser in den Versuchsbrunnen bei ca. + 3,50 m H. N. N. an. Dieser Wasserspiegel stand unter dem Einflusse von Flut und Ebbe und zeigte deshalb täglich zweimal Schwankungen zwischen etwa + 3,27 und + 3,52 m H. N. N., blieb dabei aber fast immer höher als der Wasserspiegel des Grabens. Mit den beschriebenen Brunnen wurde ein Dauerpumpversuch eingeleitet. Dabei senkte sich der Wasserspiegel in den Brunnen während der ersten vier Monate bis auf höchstens — 1 m H. N. N.

Obgleich das Grabenwasser einen sehr hohen Keimgehalt aufwies (1—5 Mill. Keime pro ccm, 100 Kolibakterien pro ccm), so veränderte sich während eines siebenmonatigen Pumpversuchs die

[1]) Tjaden, l. c. S. 65/66.

Keimzahl in dem Brunnenwasser nicht. Kolibakterien waren während dieser Zeit in dem Brunnenwasser niemals nachweisbar.

Nunmehr wurde der Wasserspiegel in den Brunnen bis auf etwa — 2 m H. N.N. gesenkt mit dem Ergebnis, daß innerhalb zweier Wochen der Keimgehalt verschiedener Brunnen zu steigen begann. Kolibakterien waren auch jetzt noch nicht nachweisbar. Solange der Wasserspiegel in den Brunnen nicht unter — 1 m H. N.N. abgesenkt worden war, schwankte der Keimgehalt des Brunnenwassers zwischen 0 und 5 pro ccm. Nur einmal wurden acht entwicklungsfähige Keime pro ccm gefunden. Als der Wasserspiegel aber auf — 2 m H. N.N. abgesenkt worden war, stieg der Keimgehalt alsbald in einzelnen Brunnen über 100, bald darauf über 1000, in einem Brunnen sogar bis über 10 000 Keime im ccm. Um festzustellen, ob die Erklärung für diese Vermehrung der Keimzahl mit Sicherheit in einem erheblichen Zufluß des Grabenwassers zu den Brunnen zu suchen wäre, wurden Eisenrohre in den Graben eingesetzt und mit Fluoreszeinlösung gefüllt. Jedes Rohr stand in der Höhe eines der Versuchsbrunnen. Der Inhalt von dreien dieser Rohre zeigte keine wesentlichen Niveauschwankungen, nur bei einem traten sie deutlich in Erscheinung. Es wurden nunmehr auf der Strecke zwischen dem Versuchsbrunnen, der in der Höhe dieses beeinflußten Rohres lag, und dem Graben mehrere Schlagbrunnen eingetrieben (Tafel X). Fünf dieser Schlagbrunnen wurden bis zu einer Tiefe von etwa 4 m unter Terrain gebracht. Die Unterkante ihrer Filter stand ungefähr bei ± 0 m H. N.N. Die Entfernung des ersten dieser Brunnen von dem Grabenrohr betrug etwa 4,5 m. Die übrigen Schlagbrunnen wurden in Abständen von 4 m zueinander eingebracht. Der letzte Schlagbrunnen stand ca. 1 m von dem Versuchsbrunnen entfernt, der abgepumpt wurde. Dicht neben den beschriebenen fünf Schlagbrunnen wurden fünf andere Brunnen eingebracht, deren Filter etwa 10 m unter Terrain reichten. Außerdem wurde dicht neben den beiden, dem Graben zunächst gelegenen 4 und 10 m tiefen Brunnen noch ein 16 m tiefer Schlagbrunnen angelegt.

Das unten offene, in den Graben gesetzte Eisenrohr reichte in eine Schicht von Schlamm und Sand, die auf einer Sandschicht ruhte. Darunter folgte eine zusammenhängende, 0,5 bis 1 m starke Schicht weichen Tones, die unter der Sohle des Grabens etwa ebenso stark, jedoch mit etwas Moor durchsetzt war. Unter dieser Schicht stand stellenweise toniger Sand und darunter auf der ganzen Strecke der wasserdurchlässige Sand an, der sich seiner Korngröße nach folgendermaßen zusammensetzte:

Korngröße der wasserführenden Sandschicht.

Entnahmestelle	Tiefe in m	mm Korngröße in Prozenten										
		>7	$7-5$	$5-4$	$4-3$	$3-1$	$1-0,5$	$0,5-0,25$	$0,25-0,2$	$0,2-0,15$	$0,15-0,1$	$<0,1$
Versuchsbohrung I im Graben . . .	1,10—1,50	2,5	1,0	1,5	14,5	—	—	57,5	14,0	6,0	2,5	0,5
" " " . . .	2,10—2,70	—	—	—	—	—	18,0	70,0	8,5	2,5	1,0	—
" " " . . .	2,70—7,00	—	—	—	—	—	15,0	79,5	3,5	1,0	0,5	0,5
Versuchsbohrung II im Graben . . .	1,25—1,55	—	—	—	2,5	13,0	8,0	57,5	11,0	3,5	3,0	1,5
" " " . . .	1,55—1,75	—	—	—	—	6,5	4,5	77,5	7,0	2,0	1,0	1,5
" " " . . .	2,20—3,00	—	—	—	—	1,0	8,0	81,0	6,5	2,0	0,5	1,0
" " " . . .	3,00—7,73	—	—	—	—	—	8,0	83,0	7,0	1,0	0,5	0,5
Versuchsbohrung 1,74 m n. Schl. Br. I	1,60—2,00	—	—	—	—	8,5	21,5	60,0	6,0	1,5	1,5	1,0
" " " "	2,00—2,50	—	—	—	—	2,0	18,0	65,0	10,5	3,0	1,0	0,5
" " " "	2,50—7,50	—	—	—	—	—	18,5	71,5	8,0	1,0	0,5	0,5
Versuchsbohrung 0,20 m f. Schl. Br. I	3,80— ?	—	—	—	—	—	8,5	80,0	8,0	1,5	1,5	0,5
" zwischen Schl. Br. III u. IV	2,70— ?	—	—	—	—	—	4,5	75,0	10,0	5,0	5,0	0,5

Die an fünf Punkten bestimmten Sandproben ergaben also durchweg nur einen geringen Gehalt an Material von mehr als 1 mm Korngröße. Die Korngröße des weitaus größten Anteils des Sandes lag zwischen ½ und ¼ mm. Auch bis 0,2 mm hinunter und weiter bis 0,1 mm fand sich genügend Material, um die Auffassung zu rechtfertigen, daß die hier in Frage kommende wasserführende Bodenschicht als ein f e i n e r S a n d bezeichnet werden kann. Jedenfalls war er feiner als der Sand, der zur Herstellung künstlicher Filter benutzt wird. Bei diesem zeigen in der Regel mehr als 80 % des Filtersandes eine Korngröße von über ¹/₂ mm. Bestandteile unter ¹/₄ mm pflegen jedoch bei ihm fast gänzlich zu fehlen.

Während der Herstellung der verschiedenen Schlagbrunnen waren die Hauptbrunnen weiter abgepumpt worden unter ständiger Absenkung des Wasserspiegels auf — 2 m H. N.N. Am 11. Tage nach Einsetzung des mit Fluoreszein gefüllten Eisenrohres in den Graben wurde der zunächst gelegene Schlagbrunnen I fertiggestellt. Um diese Zeit war in dem aus ihm geförderten Wasser der Farbstoff schon nachweisbar. Als der 4 m landeinwärts gelegene Brunnen II am 14. Tage fertiggestellt wurde, konnte auch aus ihm schon ein durch Fluoreszein gefärbtes Wasser gefördert werden. In den Brunnen III—V dagegen war zur Zeit ihrer Herstellung der Farbstoff noch nicht aufgetreten. In dem 12,50 m vom Graben entfernten Brunnen III trat er aber am 23. Tage auf.

Nach dieser Feststellung wurde der zweite Pumpversuch als abgeschlossen angesehen, und es wurden Vorbereitungen für einen definitiven Versuch getroffen. Nach Unterbrechung des Pumpversuchs wurde das Wasser in den beschriebenen Brunnen weiter untersucht, dabei ließ sich feststellen, daß sowohl der Keimgehalt wie auch der Gehalt an Fluoreszein in den Versuchsbrunnen zurückging. In Brunnen III verschwand das Fluoreszein schon innerhalb 4 Tagen, in Brunnen II innerhalb 14 Tagen und in Brunnen I innerhalb 2 Monaten. Der Keimgehalt sank in den Brunnen I—III viel langsamer. Erst nach Ablauf von Monaten wurden in ihnen wieder normale Keimzahlen beobachtet. Es mag hier noch bemerkt werden, daß in dem Wasser des Grabens stets Kolibakterien nachweisbar waren, daß solche aber in keinem der Versuchsbrunnen gefunden wurden. Selbst der nur 4,50 m vom Graben entfernte Schlagbrunnen I erwies sich bei Untersuchung von 200 ccm Wasser stets frei von Kolibakterien bis auf einen einzigen abweichenden Befund lange nach Abbruch des Pumpversuchs.

Ehe ich auf den definitiven Versuch eingehe, möchte ich noch erläuternd erwähnen, daß ich nach den bisherigen, hier nicht in extenso wiedergegebenen Beobachtungen zu der Annahme gekommen war, daß die wiederholt erwähnte, den wasserführenden Sand bedeckende Tonschicht im vorliegenden Falle nicht etwa einen Schutz geboten, sondern im Gegenteil das seitliche Eindringen des verunreinigten Wassers sogar gefördert hätte. In der Umgebung einzelner Brunnen war nämlich die deckende Tonschicht durchbrochen, und gerade diese Brunnen hatten den vorhin geschilderten starken Keimanstieg nicht gezeigt. Unter Berücksichtigung dieser Verhältnisse wurden für den gleich zu beschreibenden definitiven Versuch zwei besondere Brunnen ausgewählt.

1. Hauptversuch.

Von den 11 Brunnen, die im zweiten Vorversuch abgepumpt worden waren, wurden zwei für den ersten definitiven Versuch ausgewählt. Bei dem einen Brunnen, A, lag die Oberkante des 4,78 m langen Filters 14,48 m unter Terrain. Der Wasserspiegel dieses Brunnens schwankte vor Beginn des Pumpversuchs unter dem Einfluß von Flut und Ebbe zwischen + 3,03 und + 3,33 m H. N.N. Dieser Brunnen lag ca. 18,5 m entfernt von einem Eisenrohr, das auf die Sohle eines offenen Grabens aufgesetzt war. Zwischen diesem im Graben stehenden Rohr, das mit Fluoreszeinlösung gefüllt wurde, und dem Brunnen A waren die 5 Schlagbrunnen I—V bis zu einer Tiefe von etwa 4 m eingetrieben (s. Tafel XI). Die Oberkante ihrer Filter lag zwischen 3,60 und 3,90 m unter Terrain, etwa bei ± 0 m H. N.N. Außer diesen 5 Schlagbrunnen wurden neben den Brunnen II und IV zwei etwa 10 m tiefe Brunnen geschlagen, außerdem, nur 50 cm von Brunnen A entfernt, ein 12 m tiefer Brunnen.

Der Brunnen A reichte durch eine etwa 1,50 m starke Tonschicht, welche dem wasserführenden Sand unmittelbar auflag und in derselben Stärke unter der Sohle des Grabens hindurchführte. Das vorhin erwähnte, mit Fluoreszein gefüllte, unten offene Rohr reichte nur etwa 30 cm in die Tonschicht hinein. Durch mehrere Wochen lang fortgeführte Beobachtungen wurde festgestellt, daß die Fluoreszeinlösung keinerlei Niveauschwankungen aufwies. Nunmehr wurde daneben ein Rohr eingetrieben, das durch die Tonschicht hindurchreichte, also mit der unteren Öffnung in der wasserführenden Schicht stand. Außer dem Fluoreszein wurde in dieses Rohr noch eine Aufschwemmung von Prodigiosuskeimen geschüttet, die von

Zeit zu Zeit erneuert wurde zur Aufrechterhaltung etwa derselben Zahl von Prodigiosuskeimen im ccm. Ebenso wurde die Fluoreszeinlösung in dem Eisenrohr durch Nachgießen auf derselben Konzentration erhalten. Außer auf Prodigiosuskeime, die sich durch den charakteristischen Farbstoff auszeichnen, den sie auf Nährböden bilden, wurde auch noch auf Kolibakterien untersucht, die, wie erwähnt, in dem Grabenwasser stets vorhanden waren. Ferner wurde die Gesamtzahl der entwicklungsfähigen Keime festgestellt. Diese schwankte in dem Grabenwasser während der Dauer des Versuchs zwischen 48 000 und 1 900 000 pro ccm. Außerdem wurden während des Versuchs chemische Analysen ausgeführt, auf die hier nicht näher eingegangen zu werden braucht.

5 Tage, nachdem das Abpumpen des Brunnens A begonnen hatte, traten in dem 4 m tiefen Schlagbrunnen I Kolibakterien auf, Prodigiosuskeime erst nach Ablauf von 9 Tagen gleichzeitig mit dem Fluoreszein.

In dem etwa 6,5 m vom Rohre entfernten Brunnen II traten Kolibakterien und Prodigiosuskeime nach Ablauf von 10 Tagen, Fluoreszein nach 11 Tagen auf.

In dem 10,5 m vom Rohre entfernten Brunnen III traten Koli- und Prodigiosuskeime nach 14 Tagen, Fluoreszein nach 17 Tagen auf.

Im Brunnen IV war zunächst eine Veränderung nicht nachzuweisen. Dagegen traten in dem 12 m tiefen Brunnen Va Kolibakterien nach 25 Tagen, Prodigiosuskeime nach 27 Tagen und Fluoreszein nach 32 Tagen auf. Darauf erst zeigten sich am 36. Tag im Brunnen IV Kolibakterien, geringe Mengen Fluoreszein am 72. Tage. Prodigiosuskeime waren in diesem Brunnen während der mehrmonatigen Beobachtung niemals nachzuweisen, dagegen konstant in Va.

In dem Hauptbrunnen A waren Kolibakterien vom 39. Versuchstage an nachweisbar, Prodigiosuskeime vom 53. und Fluoreszein vom 49. Tage an. Das späte Auftreten der Kolibakterien und des Fluoreszeins im Brunnen IV ist ohne weiteres erklärlich im Zusammenhange mit der durch das Abpumpen bedingten Absenkung des Wasserspiegels. Dadurch wurde der Strömung hinter dem Brunnen III eine Richtung nach unten gegeben.

Bemerkenswert, aber ebenfalls leicht erklärlich ist, daß die beiden 10 m tiefen Brunnen neben II und IV zu keiner Zeit Kolibakterien oder Prodigiosuskeime aufgewiesen haben und auch keinen Anstieg des Keimgehaltes. In dem dem Brunnen A zunächst gelegenen Schlagbrunnen IVa (10 m tief) trat jedoch am 71. Tage nach Beginn des Versuchs geringe Grünfärbung auf.

Brunnen B war weiter vom Graben entfernt (ca. 32 m). Aus diesem Grunde mußte eine größere Anzahl von Schlagbrunnen geschlagen werden, und zwar 8 von etwa 4 m Tiefe und 3 von etwa 10 m Tiefe.

Beim Brunnen B (Tafel XII) war der wasserführende Sand nicht von einer zusammenhängenden Tonschicht bedeckt, sondern von einer ca. 2 m starken Moorschicht, die von einer etwa ½ m starken Lehmschicht bedeckt war. Darüber lagerte streckenweise aufgetragener Boden. Die Sohle des Grabens bestand jedoch auch in der Höhe dieses Brunnens aus einer 2 m starken Tonschicht. Beim Beginn des Versuchs ragte das Eisenrohr, in das die Fluoreszeinlösung und die spezifischen Keime gebracht wurden, 50 cm tief in diese Tonschicht hinein. Wie zu erwarten stand, teilten sich weder der Farbstoff noch die Bakterienaufschwemmungen bei dieser Versuchsanordnung der Umgebung mit.

37 Tage nach Beginn des Versuchs wurde das Rohr am Rande des Grabens 25 cm tief in die 2 m starke Moorschicht eingetrieben. Auch bei dieser Versuchsanordnung sind weder der zugesetzte Farbstoff noch auch die Bakterienaufschwemmungen im Gelände auffindbar gewesen. Selbst in dem zunächst gelegenen, nur 3,50 m entfernten, 4,40 m tiefen Schlagbrunnen sind sie nicht aufgetreten. Dieses negative Resultat ist um so auffallender, als die Flüssigkeit in dem Rohr innerhalb 24 Stunden in der Regel um 6 cm sank. Im Laufe der Zeit sind also sehr große Mengen von Fluoreszein und von Prodigiosusaufschwemmungen in dieses Rohr hineingeschüttet worden. Welchen Weg sie genommen haben, ließ sich nicht feststellen.

Zum Schluß wurde das Rohr in die wasserführende Sandschicht hineingetrieben. Seine untere Öffnung war, wie aus Tafel XII ersichtlich ist, nunmehr von der Unterkante des Filters von Brunnen I nur noch getrennt durch eine 2,5 m breite Senkung der Moorschicht. Man hätte nun nach den bei A erhobenen Befunden erwarten können, daß unsere Zusätze, wenn nicht in dem 4,40 m tiefen Brunnen I, so doch wenigstens in dem 10,40 m tiefen Brunnen Ia auftreten würden. Trotz dreimonatiger täglicher Untersuchung sind aber in keinem der zahlreichen Versuchsbrunnen Fluoreszein oder Prodigiosuskeime nachweisbar geworden. Nur am 49. Tage trat in einem der Schlagbrunnen, der etwa 32 m von dem Rohr entfernt war, eine ganz schwache grünliche Verfärbung auf, die 4 Tage später wieder verschwunden war, obwohl dauernd weiterer Farbstoff und weitere Bakterienaufschwemmungen hinzugesetzt worden waren. Im übrigen ist der Versuch vollständig negativ verlaufen. Dieses Resultat hat meinen Voraussetzungen durchaus entsprochen. Es handelt sich hier aber um Fragen rein hypothetischer Art, deshalb soll an dieser Stelle nicht näher darauf eingegangen werden. Nur so viel soll hier erwähnt sein, daß die Lehmschicht, welche sich in der Richtung von dem Brunnen B nach dem Graben als eine zusammenhängende Decke darstellt (Tafel XII), sich seitlich von dem Brunnen B nicht weiter fortsetzt.

2. Hauptversuch.

In gegenseitigen Abständen von 26 m wurden in einem Wiesengelände 22 Bohrbrunnen hergestellt. Die Oberkante der 4—6 m langen Filter lag etwa 10 m unter Terrain. Das Gelände war mit einer etwa 30 cm tiefen Schicht Humusboden bedeckt. Darunter lag eine 3—7 m tiefe Tonschicht, die stellenweise von Moorinseln durchsetzt war. Auf diese Tonschicht folgte eine ca. 4—10 m starke, wasserführende Sandschicht, deren Korngröße sich in nachstehender Tabelle unter a angegeben findet.

Korngröße der wasserführenden Sandschicht.

Größe	Menge in %		
	Probe a	Probe b	Probe c
über 10 mm	2,62	10,52	6,75
10 — 7 „	1,54	1,05	2,86
7 — 5 „	1,91	2,30	4,75
5 — 4 „	1,47	2,45	2,06
4 — 3 „	2,73	5,15	2,41
3 — 2 „	2,58	4,25	2,87
2 — 1 „	16,70	21,80	16,70
1 — 0,5 „	68,80	44,40	44,70
unter 0,5 „	1,65	8,08	16,90

Die Probe a ist bei Herstellung des Brunnens C gewonnen. An anderen Punkten des Geländes wurden ebenfalls Proben (b und c) entnommen, die, wenn auch nicht ganz, so doch annähernd dieselbe Zusammensetzung zeigten.

Es handelt sich also um einen Sand, der sich vorwiegend aus Korngrößen von 0,5—1 mm zusammensetzt, also annähernd den Sanden entspricht, die man bei künstlichen Wasserfiltern benutzt. Unter dieser Sandschicht liegt eine 0—7 m starke Schicht feinen Sandes, unter dem eine 13—24 m starke Tonschicht ansteht, die mit einzelnen horizontal liegenden Inseln feinen Sandes durchsetzt ist. Unter dieser Tonschicht folgt wiederum eine wasserführende Sandschicht, bis in welche ebenfalls zahlreiche Brunnen eingetrieben worden sind. Diese tiefere Brunnenreihe kommt für die hier zu beschreibenden Versuche jedoch nicht in Frage, ich sehe deshalb von ihrer näheren Beschreibung ab.

Das beschriebene Versuchsgelände wird von wasserführenden Gräben durchzogen. Zwei solche Gräben (I und II, Tafel XV) schneiden etwa 1 m tief in die obere Tonschicht ein und sind durch Dämme in einzelne Abschnitte aufgeteilt, die jeder 2,5—3 m breit und 15—250 m lang sind. Diese beiden Gräben liegen parallel zu der Versuchsbrunnenreihe, und zwar in einer Entfernung von je 25 m. Zwei andere solche Gräben verlaufen senkrecht zu diesen, d. h. demnach senkrecht zu der Brunnenreihe. Sie sind aber ausbetoniert worden und können also durch den Pumpversuch nicht beeinflußt werden.

Je 11 der beschriebenen ca. 10 m tiefen Bohrbrunnen sind zusammengekoppelt und ohne Ein-schaltung eines Sammelbrunnens direkt an elektrisch betriebene Zentrifugalpumpen angeschlossen, die das geförderte Wasser durch eine etwa 1500 m lange Leitung nach einem Flußlauf abführen.

Um die gleich zu beschreibenden Experimente zu ermöglichen, sind senkrecht zu der erwähnten Versuchsbrunnenreihe zwei Reihen etwa 10 m tiefer Schlagbrunnen angelegt, und zwar auf jeder Seite der Versuchsbrunnenreihe je 5 Schlagbrunnen. Diese sind in gegenseitigen Abständen von 8 m eingetrieben. Die eine Querreihe der Schlagbrunnen liegt in Höhe des Versuchsbrunnens C, die andere in Höhe des Versuchsbrunnens D (siehe Tafel XIII und XIV).

Diese senkrecht zu der Versuchsbrunnenreihe angelegten Schlagbrunnen bezeichne ich nach-stehend als C 1—5, C a—e bzw. D 1—5 und D a—e. Auf Tafel XV sind alle diese Brunnen in der Aufsicht dargestellt. Aus ihr ist zu ersehen, daß C 1—5 nördlich von C liegt, C a—e südlich, ebenso bei D. Die Brunnen C 1 und C a liegen ebenso wie D 1 und D a von den Versuchsbrunnen C und D nur ½ m entfernt, sie stehen also in gegenseitigen Abständen von nur 1 m.

Das Abpumpen der Bohrbrunnenreihe begann am 11. Juni 1912. An den darauffolgenden Tagen schon begann das Wasser in einigen Gräben allmählich zu sinken, bis nach Ablauf von mehreren Tagen die Gräben teilweise trocken gelegt waren.

Den Gräben I und II (siehe Tafel XV) wurde durch die anderen Gräben zeitweise aus größeren Entfernungen Wasser zugeführt. Auch in anderen, oben nicht genannten Gräben machte sich ein Ab-sinken des Wasserspiegels bis auf weite Entfernungen hin bemerkbar. Hieraus ist zu ersehen, daß das Oberflächenwasser selbst auf diesem Terrain durch den Pumpversuch beeinflußt wird. Die starke Tonschicht hat das nicht verhindern können.

Auf dem beschriebenen Gelände sind zahlreiche Profilbohrungen vorgenommen worden. Überall wurde die beschriebene Tonschicht in einer Stärke von 3—10 m angetroffen. Trotzdem wurde der Wasserstand in den Gräben — deren Sohle 3,5—4,5 m über der Unterkante der Tonschicht lag — durch den Pumpversuch beeinflußt. Man muß also damit rechnen, daß die Tonschicht doch wohl stellen-weise Lücken zeigt, die uns trotz der zahlreichen Profilbohrungen entgangen sind. Möglicherweise sind aber die erwähnten Einlagerungen von Sand- und Moorinseln nicht ohne Einfluß geblieben. Von weitgehendster Bedeutung aber ist die Feststellung der Tatsache, daß selbst unter den für den Schutz des Grundwassers so ungewöhnlich günstigen Verhältnissen, wie sie hier vorliegen, ein Zusammenhang zwischen dem Oberflächenwasser und dem Grundwasser nachgewiesen werden konnte.

Um festzustellen, ob sich dieser Zusammenhang irgendwie würde direkt nachweisen lassen, wurden Versuche mit Farbstoff und Prodigiosuskulturen angestellt. In der Höhe des Brunnens C wurden in einen 30 m langen Abschnitt des Grabens II Fluoreszeinlösungen eingebracht, und zwar in solchen Mengen, daß das Grabenwasser den Farbstoff in etwa 100 000-facher Verdünnung enthielt.

Gleichzeitig wurden Violaceuskulturen dem Grabenwasser zugesetzt. Verwandt wurden Aufschwemmungen von auf Agar gewachsenen Kulturen dieses Bakteriums, das sich durch Bildung eines tief violetten Farbstoffes auszeichnet. Diese Kulturen wurden in dem Grabenwasser aufge-schwemmt. Der Versuch mit Violaceuskulturen ist insofern nicht erfolgreich gewesen, als sich selbst im Grabenwasser die Bakterien nur selten wieder auffinden ließen. Aus diesem Grunde wurden Prodigiosuskulturen in ganz entsprechender Weise einem Abschnitt des Grabens II zuge-setzt, der besonders schnell leergepumpt worden war. Das Grabenwasser enthielt bis zu 10 000 Pro-digiosuskeime pro ccm, und der Graben wurde während des Zusatzes der Prodigiosuskeime künstlich bis zu einer Höhe von + 4,70 bis + 4,80 m H. N. N. mit Wasser vollgepumpt. Unter der Ein-wirkung der Pumpen wurde der Wasserstand des Grabens dann innerhalb 24 Stunden um etwa 5 cm gesenkt. Trotzdem waren Prodigiosuskeime in dem abgepumpten Wasser nicht nachweis-bar. Auch von Fluoreszein ließ sich ein Übertreten aus den Gräben in die Brunnenanlage nicht nachweisen.

Am 5. Juli wurde eine sehr große Zahl Prodigiosuskeime (mehrere Trillionen) in den Schlagbrunnen C5 geschüttet (siehe Tafel XIII). Schon nach 66 Stunden waren Prodigiosus-keime in C1 nachweisbar. Sie hatten in dieser kurzen Zeit also eine Strecke von 32 m zurückgelegt,

mithin pro Stunde 0,485 m. Nach 72 Stunden wurden Prodigiosuskeime in dem Wasser des Bohrbrunnens C nachgewiesen. Die Brunnen C 4, 3 und 2 wurden übersprungen, d. h. in ihrem Wasser
waren Prodigiosuskeime nicht nachweisbar. Obgleich während der ersten Versuchstage zunächst täglich viermal, später einmal täglich untersucht wurde, waren Prodigiosuskeime in diesen Brunnen
niemals nachweisbar. In C 1 blieben sie bis zum 36. Tage noch nachweisbar, und zwar anfänglich
in einer Menge bis zu 28 000, später in einer Menge von 1—16 pro ccm. Im Bohrbrunnen C
ließen sie sich anfänglich in einer Menge von 300—1680 Keimen pro ccm nachweisen. Gefunden
wurden sie in diesem noch bis zum 30. Tage nach ihrem ersten Auftreten, allerdings nur in
Mengen von 1—2 Keimen pro ccm und auch nicht an jedem Tage.

Am 19. Juli wurden 100 g Eosin in wässeriger Lösung in den Brunnen C 5 eingegossen.
Nach 92 Std. trat dieser Farbstoff in dem Wasser des Brunnens C 1 auf, nach 116 Std. in C. Die
Brunnen C 2 — 4 wurden wiederum übersprungen. In ihnen ließ sich trotz zwei Wochen langer
Beobachtung Eosin niemals nachweisen. In den Brunnen C und C 1 war der eingebrachte Farbstoff bis
zum zweiten Tage nachweisbar. Er trat nur spurenweise auf bis zu einer Verdünnung von 1:7500000.

Das Eosin hat also nicht unwesentlich länger gebraucht als die Prodigiosuskeime, um die Versuchsstrecke zurückzulegen. Es ist mit einer Geschwindigkeit von 0,348 m pro Std. vorgedrungen.

Am 22. Juli wurden in den Brunnen D 5 (siehe Tafel XIV) etwa ebensoviel Prodigiosuskeime
hineingebracht wie beim vorigen Versuch. Nach 4 Tagen und 16 Std. traten Prodigiosuskeime in dem
Bohrbrunnen D auf. Die Schlagbrunnen D 1—4 wurden übersprungen, und in ihnen ist Prodigiosus
bei 10 Tage langer täglicher Beobachtung nie nachweisbar gewesen. Im Bohrbrunnen D waren
die Keime fünf Tage lang nachweisbar, und zwar in einer Zahl von 1—400 Prodigiosuskeimen
pro ccm. Bei diesem Versuch ist der Prodigiosus mithin mit einer Geschwindigkeit von 0,290 m
pro Std. vorgedrungen.

Am 12. August wurde in den Brunnen C b (siehe Tafel XIII) eine Mischung von Eosin und
Chlormagnesium geschüttet, die in der Weise hergestellt worden war, daß 100 g Eosin in 50 l 10 proz.
Chlormagnesiumlösung aufgelöst wurden. Etwa 50 l von dieser Mischung liefen während der ersten
Stunde in den Brunnen ab. Von der zweiten Stunde an wurde unter Fortlassung des Eosins nur
eine 10 proz. Chlormagnesiumlösung eingegossen, wovon während des ersten Versuchstages noch weitere
100 l von dem Brunnen aufgenommen wurden. Vom zweiten bis vierten Tage flossen täglich nur noch
100 l ab, später sank die Aufnahmefähigkeit bis auf 50 l am Tage. Das Eingießen wurde täglich etwa
zwölf Stunden hindurch fortgesetzt.

Weder das Eosin noch das Chlormagnesium war während einer drei Wochen lang durchgeführten
täglichen Beobachtung in dem Schlagbrunnen C a nachweisbar. Im Brunnen C dagegen trat das
Eosin nach Ablauf von 19½ Std. auf. Es hatte die 8,50 m lange Strecke also mit einer stündlichen
Geschwindigkeit von 0,436 m zurückgelegt. Bis zur siebenten Stunde nach Beginn des Zusatzes wies
das Wasser des Brunnens C einen Chlorgehalt zwischen 14 und 18 mg im Liter auf. Nach 19½ Std.
wurden noch 22 mg im Brunnen C gefunden. 23½ Std. nach Beginn des Versuches waren
58 mg Chlor im Brunnen C nachweisbar. Nach Ablauf von 35½ Std. war der Chlorgehalt dann
allmählich auf 204 mg im Liter gestiegen. Das Eosin verschwand aus dem Wasser des Brunnens C
innerhalb 30 Std. Der Chlorgehalt schwankte vom dritten bis zum sechsten Versuchstage zwischen
100 und 50 mg und sank allmählich wieder bis auf 12 mg im Liter ab, obgleich täglich noch bis zu
50 l 10 proz. Chlormagnesiumlösung von dem Brunnen C b aufgenommen wurden.

Wir stehen nun vor der viel umstrittenen Frage, ob das Chlormagnesium in unzersetzter Form
das Erdreich passiert habe.

Verhalten von Chlormagnesium im Boden.

Die meisten Bodenarten enthalten Kalziumkarbonat in kleineren oder größeren Mengen. Allgemein wird angenommen, daß das Chlormagnesium beim Eindringen in den Boden sich mit den dort
vorhandenen Kalziumverbindungen, z. B. Kalziumkarbonat, umsetzt unter Bildung von Magnesiumkarbonat und Chlorkalzium. Es müßte also, wenn man Chlormagnesiumlösungen, z. B. Kalienlaugen,
in den Boden leitet, zu solchen Umsetzungen kommen. Das leicht lösliche Chlorkalzium müßte mit dem

Waſſer fortgeführt werden, während das Magneſiumkarbonat ganz oder teilweiſe im Boden zurückgehalten würde. Das Ergebnis wäre mithin eine Entkalkung unter gleichzeitiger Anreicherung des
Bodens mit Magneſiumſalzen. Die Entkalkung iſt, landwirtſchaftlich betrachtet, nicht ohne Bedeutung. Auf dieſen Punkt werde ich jedoch erſt an anderer Stelle einzugehen haben.

J. König und E. Haſelhoff[1]) haben die beſprochene Umſetzung des Chlormagneſiums im
Boden experimentell nachgewieſen. Ihre Ergebniſſe ſind von Albert Orth[2]) durch Verſuche be-
ſtätigt worden. Vorher hatte ſchon v. Liebig Verſuche mit Chlorkalium vorgenommen und ähnliche
Feſtſtellungen gemacht. Später ſind verſchiedene andere Autoren auf Grund ihrer experimentellen
Befunde zu einer gleichen Beurteilung der Vorgänge gekommen. Von allen hierher gehörigen Ver-
ſuchen beanſpruchen nur die von Tjaden[3]) ausgeführten an dieſer Stelle ein näheres Intereſſe.

Tjaden iſt der Frage wegen Zurückhaltung des Chlormagneſiums im Boden deshalb neuerdings durch Verſuche näher getreten, weil ihm daran lag, zu entſcheiden, ob die Gefahr beſtünde,
daß der durch Zuleitung erheblicher Mengen von Endlaugen in die Weſer ſtark erhöhte Chlormagne-
ſiumgehalt des Weſerwaſſers das von Bremen projektierte Grundwaſſerwerk eventuell gefährden
könnte. Er ließ Kaliendlaugen, die durch Zuſatz von Weſerwaſſer 100-fach verdünnt waren, auf
Sandproben 10 Tage lang einwirken. Der Verſuch war ſo angeordnet, daß die Poren der Sandprobe
(6 l) durch die zugeſetzte Löſung gerade ausgefüllt wurden. Dazu waren 2,4 l der Miſchung erforderlich. Die urſprüngliche Kalkhärte der Miſchung von 11,0° d. H. hatte ſich nach Ablauf dieſer Zeit
um 31,1° vermehrt, alſo auf 42,1° erhöht, die urſprüngliche Magneſiahärte von 239,5° um 55,2°
auf 184,3° vermindert. Zur Kontrolle wurden gleichgroße Proben desſelben Sandes mit deſtilliertem Waſſer und mit Weſerwaſſer ohne Endlaugenzuſatz in Berührung gebracht. Nach zehn-
tägiger Einwirkung hatte die Kalkhärte zwar beim deſtillierten Waſſer um 2,4°, im Weſerwaſſer aber
nur um 0,06° zugenommen. Die Magneſiahärte hatte im deſtillierten Waſſer um 0,5° zugenommen,
im Weſerwaſſer um 2,44° abgenommen.

Einen zweiten Verſuch ordnete Tjaden ebenſo an, nur mit der Abweichung, daß er während
des zehntägigen Experimentes an jedem zweiten Tage die Flüſſigkeit aus der Sandprobe ablaufen
und dieſe zur Durchlüftung 8 Stunden lang trocken ſtehen ließ. Die Kalziumzunahme entſprach
in dieſem Falle 42,8 Härtegraden, die Magneſiumabnahme 101,3°. Dieſe fiel alſo nicht unweſent-
lich intenſiver aus. In den Kontrollen mit deſtilliertem Waſſer und Weſerwaſſer ohne Endlaugenzuſatz fielen die Verſuche etwa ebenſo aus wie bei dem erſten Verſuch, der ohne Durchlüftung
durchgeführt worden war.

Die Sandproben ließ Tjaden 4 Monate trocken ſtehen. Darauf wurden beide Verſuche in
derſelben Anordnung wiederholt, und es zeigte ſich jetzt in dem Ausfluſſe aus der mit Endlaugen-
miſchung beſchickten Sandprobe eine Zunahme des Kalziumgehaltes um 51,9 Härtegrade. Die
Zurückhaltung des Magneſiums entſprach 83,5° d. H. Deſtilliertes und reines Weſerwaſſer bewirkten
wiederum eine beträchtlich geringere Umſetzung.

Die Ergebniſſe der Tjadenſchen Verſuche beſtätigen alſo die oben erwähnte Tatſache, **daß
Endlaugen infolge ihres Gehaltes an Chlormagneſium zu einer Ent-
kalkung des Bodens und zu deſſen Anreicherung mit Magneſiumver-
bindungen führen.** Anderſeits laſſen ſie aber deutlich erkennen, daß das zugeführte Chlormagneſium zum großen Teil die Bodenprobe in unveränderter Form verläßt. Wenigſtens konnte
man das nach den zitierten Befunden mutmaßen. Ein Verſuch zur Differenzierung der Magneſium-
ſalze konnte nicht gemacht werden, weil man damals noch nicht über eine dazu geeignete Methode
verfügte.

Mit Rückſicht auf die große praktiſche Bedeutung der hier in Frage ſtehenden Vorgänge habe
auch ich verſchiedene einſchlägige Verſuche durchführen laſſen, deren Ergebniſſe die oben zitierten
im allgemeinen beſtätigen. Es war uns aber möglich, die Vorgänge nach verſchiedenen Richtungen

---

[1]) E. Fricke, E. Haſelhoff und J. König, Über die Veränderungen und Wirkungen des Rieſelwaſſers
bei der Berieſelung. Landwirtſchaftl. Jahrbücher 1893, Bd. 22, S. 845. — J. König, Die Verunreinigung der
Gewäſſer. 1899, Bd. 2, S. 412.
[2]) Gutachten über Schunter, Oker, Aller. l. c. S. 377, desgl. über Wipper und Unſtrut, l. c. S. 124.
[3]) Tjaden l. c. S. 69—71.

hin noch weiter aufzuklären. Namentlich lag mir daran, das Experiment auf den natürlich gewachsenen Boden zu übertragen.

Eigene Versuche.

Laboratoriumsversuche.

Der hier verwendete Sand wurde aus einer Tiefe von 10 m einem Gelände entnommen, das im Zusammenhange mit den hier erörterten Fragen für Hamburg Interesse bietet. Die K o r n - g r ö ß e dieser Sandprobe lag nur zu 1,65 % unter 0,5 mm, zu 68,8 % zwischen 0,5 und 1 mm, 16,7 % bestanden aus Körnchen von 1—2 mm, 10,23 % aus Körnchen von 2—10 mm in ziemlich gleich- mäßiger Verteilung. Der Rest von 2,62 % war größer als 10 mm. Es handelt sich also um eine Sand- probe von mittlerer Korngröße, wie sie für die Herstellung künstlicher Sandfilter zur Verwendung kommt. Die chemische Analyse der Sandprobe führte zu folgenden Ergebnissen:

Chemische Analyse des Sandes.

Glühverlust	0,72 %
Si O$_2$	95,50 %
Fe	1,00 %
Mn	0,01 %
Ca	1,33 %
Mg	0,14 %
Alkalität entsprechend Ca O	1,40 %.

Von besonderer Bedeutung für die zur Erörterung stehenden Fragen ist der gefundene K a l - z i u m g e h a l t (1,33 %) und der M a g n e s i u m g e h a l t (0,14 %) dieser Sandprobe. Beide Werte dürfen als verhältnismäßig gering bezeichnet werden.

Die natürliche F e u c h t i g k e i t des Sandes betrug 3,0 Volumprozente. Von einer scharfen Trocknung der Sandprobe wurde abgesehen, weil das, wie sich aus Vorversuchen ergeben hatte, als ein zu tiefer Eingriff betrachtet werden mußte. Durch Vorversuche mit Kochsalzlösung konnte fest- gestellt werden, daß dieser nachgewiesene Wassergehalt des Sandes bei der gleich zu beschreibenden Versuchsanordnung eine Abnahme des Chlors um 3,3 % vortäuschte.

Versuch 1 a.

10 l der beschriebenen Sandprobe wurden durch Aufgießen einer Mischung aus destilliertem Wasser mit einer 0,1 proz. Endlauge — entsprechend einer Magnesiumverhärtung des Wassers um 25,4° — bis zur Oberfläche angefüllt. Nach dreitägiger Einwirkung zeigten sich die in der nachstehen- den Tabelle angegebenen Veränderungen.

Zurückhaltung von Chlormagnesium durch Sand (10 l).
Zusatz: 4,2 l. Endlauge 1:1000 destilliertes Wasser. Einwirkungsdauer 3 Tage.

		I zugeführte End- laugenmischung ° d. H.	II Sandabfluß nach 3 Tagen ° d. H.	III Sandabfluß nach weiteren 3 Tagen ° d. H.
Gesamt-		0	16,8	15,3
Karbonat-	Kalkhärte	—	3,6	4,7
Nichtkarbonat-		—	13,2	10,6
Gesamt-		25,4	19,7	19,5
Karbonat-	Magnesia- härte	—	3,4	2,1
Nichtkarbonat-		25,4	16,3	17,4
Chlor		302 mg/l	292 mg/l	300 mg/l
Freie Kohlensäure . .		8,3 mg/l	0 mg/l	0 mg/l

Die Endlaugenmischung hatte also in den ersten 3 Tagen aus dem Boden 16,8° d. H. an Kalziumverbindungen pro Liter aufgenommen, wovon 13,2° auf permanente (Nichtkarbonat-) Kalkhärte entfallen. Die Gesamtmagnesiahärte hatte um 5,7° abgenommen, an Magnesiumkarbonat hatte sich das Wasser um 3,4° angereichert. Dagegen hatte sich die permanente Magnesiahärte um 9,1° verringert. Diese Ergebnisse sind in der nachstehenden Tabelle übersichtlich gruppiert.

Zusammenstellung der Ergebnisse von Versuch 1a.

Zu- bzw. Abnahme der		bei Probe II gegen Probe I ° d. H.	bei Probe III ° d. H.
Gesamt-	Kalkhärte	+ 16,8	+ 15,3
Karbonat-		+ 3,6	+ 4,7
Nichtkarbonat-		+ 13,2	+ 10,6
Gesamt-	Magnesiahärte	− 5,7	− 5,9
Karbonat-		+ 3,4	+ 2,1
Nichtkarbonat-		− 9,1	− 8,0

Dieselbe Sandprobe wurde darauf mit einer frischen Lösung von derselben Zusammensetzung beschickt. Nach dreitägigem Stehen ergaben sich Befunde, die, wie die Tabelle zeigt, annähernd übereinstimmen mit den bei dem ersten Versuch gewonnenen.

Versuch 1b.

Die beschriebene Sandprobe wies, wie schon gesagt, einen verhältnismäßig geringen Kalziumgehalt auf. Um den Einfluß einer Erhöhung des Kalziumgehaltes im Boden festzustellen, wurden 9 l des beschriebenen Sandes gleichmäßig gemischt mit 1 l zermahlener **Marmorstückchen**, die durch Aussiebung auf eine dem Sande entsprechende Korngröße gebracht worden waren. Nach **dreitägiger Einwirkung** einer 0,1 proz. Endlaugenlösung in destilliertem Wasser auf den marmorhaltigen Sand erhielten wir folgende Ergebnisse:

Zurückhaltung von Chlormagnesium durch Sand (9 l Sand + 1 l Marmor).
Zusatz 4,2 l. Endlauge 1:1000 dest. Wasser. Einwirkungsdauer: 3 Tage.

		I zugeführte Endlaugenmischung ° d. H.	II Sandabfluß nach 3 Tagen ° d. H.	III Sandabfluß nach weiteren 3 Tagen ° d. H.
Gesamt-	Kalkhärte	0	20,4	15,8
Karbonat-		—	5,2	4,7
Nichtkarbonat-		—	15,2	11,1
Gesamt-	Magnesiahärte	25,4	19,6	18,5
Karbonat-		—	1,3	1,6
Nichtkarbonat-		25,4	18,3	16,9
Chlor		302 mg/l	292 mg/l	300 mg/l
Freie Kohlensäure . .		8,3 mg/l	0 mg/l	0 mg/l

Die Erhöhung des Kalziumgehaltes hatte also nicht Anlaß zu nennenswerten Veränderungen gegeben. Bodenproben, die von Natur kalkreicher sind, dürften sich aber wohl anders verhalten. Jedenfalls wird man unter solchen Umständen, ebenso wie bei den Tjadenschen Versuchen, damit zu rechnen haben, daß selbst bei verhältnismäßig hohem Kalziumgehalt der größte Teil des zugeführten Chlormagnesiums nach dreitägigem Stehen im Sande aus diesem unverändert abläuft. Die Ergebnisse sind in der nachstehenden Tabelle übersichtlich gruppiert.

Zusammenstellung der Ergebnisse von Versuch 1 b.

Zu- bzw. Abnahme der		bei Probe II	bei Probe III
		gegen Probe I	
		° d. H.	° d. H.
Gesamt-		+ 20,4	+ 15,8
Karbonat-	Kalthärte	+ 5,2	+ 4,7
Nichtkarbonat-		+ 15,2	+ 11,1
Gesamt-		— 5,8	— 6,9
Karbonat-	Magnesia- härte	+ 1,3	+ 1,6
Nichtkarbonat-		— 7,1	— 8,5

Versuch 2.

Um festzustellen, wie sich die eben beschriebenen Verhältnisse bei wiederholter Be-schickung des Sandes gestalten würden, ob sich insbesondere eine Erschöpfung des Bodens an Kalzium schon nach verhältnismäßig kurzer Zeit zeigen würde, wurde je 1 l der beschriebenen Sandprobe

a) mit Grundwasser beschickt, das durch Zusatz von Endlaugen auf 30° verhärtet war,
b) mit demselben Grundwasser beschickt, das durch Zusatz von reinem Magnesium-chlorid ebenfalls auf 30° verhärtet worden war,
c) mit demselben Grundwasser ohne Zusatz beschickt.

Die drei Flüssigkeiten wurden dem Sande von unten zugeführt mit einer Geschwindigkeit von 1 mm in 16 Sekunden, und zwar an jedem Tage während 8 Stunden, während der übrigen 16 Stunden stagnierten die Flüssigkeiten in der Sandprobe.

Bei diesem Versuche haben sich nur sehr geringe Andeutungen von Umsetzungen ergeben, die innerhalb der Fehlergrenzen unserer analytischen Methodik liegen. Ich kann deshalb von ihrer zah-lenmäßigen Mitteilung hier absehen. Die angegebene Geschwindigkeit ist nur halb so groß wie die-jenige, mit der sich das Grundwasser in dem Gelände bewegt, aus dem die Sandprobe stammt. Hätten wir diese letztere Geschwindigkeit gewählt, so wäre die Umsetzung naturgemäß noch geringer aus-gefallen. Diese Versuche habe ich ohnehin nur als Vorversuche betrachtet, bei denen ich vor allem im Auge hatte, die allmähliche Erschöpfung des Bodens an Kalk festzustellen.

Zu wertvolleren Resultaten bin ich gekommen bei Versuchen in natürlichem Gelände.

Versuche in natürlichem Gelände.

Versuch 1.

Verhalten einer 10proz. Chlormagnesiumlösung nach Einbringung in die wasserführende Sandschicht.

Ein 4 cm weites, unten mit Filter versehenes Brunnenrohr S 1 wurde so weit in den Boden getrieben, daß die Oberkante seines Filters 10,11 m, die Unterkante 10,61 m unter Terrain lag. Zunächst war eine 6 m tiefe, mit Moorinseln durchsetzte Tonschicht zu durchbohren. Darauf folgte 1,50 m toniger Sand und darauf wieder eine reichlich 5 m starke Schicht scharfen, wasserführenden, diluvialen Sandes, in dem das Filter stand. Über die Korngröße dieses Sandes gibt die nach-stehende Tabelle Aufschluß.

Korngröße der wasserführenden Sandschicht.

Größe		%
über 10 mm	. . . .	10,52
10—7 „	. . . .	1,05
7—5 „	. . . .	2,30
5—4 „	. . . .	2,45
4—3 „	. . . .	5,15
3—2 „	. . . .	4,25
2—1 „	. . . .	21,80
1—0,5 „	. . . .	44,40
unter 0,5 „	. . . .	8,08

Unter diesem Sand folgte eine etwa 6 m starke Schicht feinen Sandes, die auf wasserundurchlässigem Ton lag. In dem Schlagbrunnen stieg der Grundwasserspiegel bis dicht unter Terrainhöhe.

In dieses Brunnenrohr S 1 wurde eine 10 proz. Chlormagnesiumlösung eingebracht. In einer Entfernung von 8,50 m befand sich ein 15 cm weiter Bohrbrunnen (B 1), dessen Filter 8,80 bis 12,80 m unter Terrain in der gleichen Sandschicht stand. Dieser Brunnen wurde Tag und Nacht fortgesetzt abgepumpt. ½ m von B 1 entfernt war der Schlagbrunnen S 2 eingetrieben. Das Filter stand etwa in derselben Tiefe wie das Filter von S 1. Auf Tafel XVI ist die Situation dargestellt.

Bei früheren Vorversuchen hatte ich Chlormagnesium in fester Substanz in Schlagbrunnen bringen lassen. Die Ergebnisse waren unbefriedigend. Ich hatte den Eindruck gewonnen, daß die konzentrierte Lösung wegen ihrer spezifischen Schwere direkt in die Tiefe versunken war, ohne durch den Grundwasserstrom merklich abgelenkt zu werden. Der Übergang zu dem entgegengesetzten Extrem, d. h. die Verwendung einer sehr verdünnten (1 proz.) Chlormagnesiumlösung, führte auch nicht zu befriedigenden Ergebnissen, weil die Schlagbrunnen bei der gewählten Versuchsanordnung infolge des hohen Grundwasserstandes nicht genügende Mengen der Lösung aufnahmen.

Infolgedessen wurde bei dem in Frage stehenden Versuch, wie erwähnt, eine 10 proz. Chlormagnesiumlösung verwendet. Der Versuch begann am 12. August 1912. In einem Zeitraum von 20 Tagen wurden täglich in zwölfstündigen Perioden im ganzen 100 kg Chlormagnesium dem Boden zugeführt. Das Wasser des Brunnens B 1 wurde in anfangs zweistündigen, später sechsstündigen Perioden untersucht. Bis zur 7. Stunde nach Beginn des Zusatzes lag der Chlorgehalt dieses Brunnenwassers zwischen 14 und 18 mg im Liter, nach 19½ Stunden wurden 22 mg Chlor im Liter gefunden, nach 23½ Stunden 58 mg im Liter, nach 25½ Stunden 80 mg im Liter. Nach Ablauf von 35½ Stunden war ein Chlorgehalt von 204 mg im Liter erreicht. Am vierten Tage nach Beginn des Versuchs schluckte der Schlagbrunnen S 1 kaum noch die Hälfte der ursprünglich zugesetzten Chlormagnesiummenge. Beim Herausziehen zeigte sich später, daß das Filter sich verstopft hatte. Die Folge war, daß der Chlorgehalt in B 1 wieder absank und im späteren Verlauf des Versuchs zwischen 60 und 12 mg im Liter schwankte. Die erste Salzwelle hat sich mit einer Geschwindigkeit von 1 mm in 8,3 Sekunden von S 1 nach B 1 fortbewegt, d. h. mit 0,44 m in der Stunde.

Das aus B 1 geförderte Grundwasser hatte von Natur einen Gesamtmagnesiumgehalt von 6,1 mg Mg im Liter. Schon zwischen 29½ und 31½ Stunden nach Beginn des Chlormagnesiumzusatzes in S 1 stieg der Gesamtmagnesiumgehalt in B 1 auf 35,9 mg Mg im Liter. Etwa zwei Stunden später war er auf 58,8 mg Mg im Liter gestiegen. Der natürliche Kalziumgehalt des Grundwassers betrug 60 mg Ca im Liter. Innerhalb weniger als 20 Stunden schon war er auf 78,6 mg Ca im Liter gestiegen, ohne daß wir Kalzium zugeführt hatten.

Die Chlormagnesiumlösung mußte im Boden also Umsetzungen erfahren haben. Durch Anwendung der beschriebenen Rollschen Methode ließ sich nachweisen, daß die permanente Magnesiahärte des Grundwassers in B 1 von ursprünglich 0,6 mg Mg im Liter auf 47,6 mg Mg im Liter gestiegen war. Durch Umsetzung mit Kalziumkarbonat können, nach der Zunahme der permanenten Kalkhärte, von der permanenten Magnesiahärte nur 12 mg Mg pro Liter verloren gegangen sein. Die Zunahme der permanenten Härte entsprach der Zunahme des Chlorgehaltes. Die Zunahme des Kalziumgehaltes in Form von Chlorkalzium ist zum Teil auf Umsetzung der im Wasser von Natur enthaltenen Kalziumsalze zurückzuführen, zum Teil aber auch auf Umsetzung der aus dem Boden aufgenommenen Kalziumverbindungen.

Sobald Störungen in der Zuführung der Chlormagnesiumlösung sich geltend machten, sanken sowohl der Chlorgehalt wie auch der Gesamtgehalt an Kalzium und Magnesium und die permanente Magnesiahärte zur ursprünglichen Höhe zurück.

Das Chlormagnesium hat in einer Schicht verhältnismäßig feinen, wasserführenden Sandes eine Strecke von 8,5 m innerhalb etwa eines Tages zurückgelegt. Zwar kamen Umsetzungen unter Bildung von Chlorkalzium zur Beobachtung. Dadurch ging aber nur ein verhältnismäßig sehr geringer Teil des Chlormagnesiums verloren.

Verſuch 2.

Verhalten einer 20proz. Chlormagneſiumlöſung nach Einbringung in
die waſſerführende Sandſchicht.

An einem anderen Punkte desſelben Geländes wurde ein Schlagbrunnen S 3 von derſelben
Konſtruktion wie S 1 durch eine etwa 5 m ſtarke, mit Mooorinſeln durchſetzte Tonſchicht hindurch-
getrieben, darauf durch eine Schicht feinen, tonigen Sandes in die ſchon beſchriebene Schicht ſcharfen
Sandes. Das Filter ſtand zwiſchen 10,44 und 10,94 m unter Terrain, 32 m von dem Schlagbrunnen
S 3 befand ſich ein Bohrbrunnen B 2, deſſen Filter 9—13 m unter Terrain in derſelben Schicht ſcharfen Sandes ſtand. Auf halbem Wege zwiſchen S 3 und B 2 waren zunächſt die 3 Schlagbrunnen
S 4, S 5 und S 6 in gegenſeitigen Abſtänden von ½ m eingetrieben. Das Filter von S 4 ſtand
zwiſchen 8,33 und 8,83 m, das Filter von S 5 zwiſchen 10,50 und 11,00 m, das Filter von S 6
zwiſchen 12,22 und 12,72 m (ſiehe Tafel XVII).

Dieſe Anordnung wurde gewählt, weil ich den Eindruck gewonnen hatte, daß bei Verſuch 1
die Chlormagneſiumlöſung infolge ihrer ſpeziſiſchen Schwere nach unten abgelenkt und ſo an dem
Bohrbrunnen vorbeigeführt worden wäre. Das durch B 2 geförderte natürliche Grundwaſſer hatte
einen Chlorgehalt von 12 mg im Liter und einen Geſamtmagneſiumgehalt von 6,1 mg Mg im Liter.
Am 12. September 1912 wurde damit begonnen, dem Schlagbrunnen S 3 eine 20 proz. Chlormagneſiumlöſung zuzuſetzen. Zu dieſer Konzentrationserhöhung hatten wir uns entſchloſſen, weil der erwähnte hohe Waſſerſtand in dem Einleitungsbrunnen nur die Zuführung verhältnismäßig geringer
Mengen der Salzlöſung zuließ. Die Zuführung erfolgte 12 Stunden hindurch. Am erſten Tage
wurden 60 kg Chlormagneſium in den Brunnen gebracht. Die täglich zugeſetzten Mengen mußten
allmählich bis auf 20 kg eingeſchränkt werden, weil der Brunnen nicht mehr ſchluckte. Im Laufe von
24 Tagen wurden dem Brunnen S 3 insgeſamt 585 kg Chlormagneſium zugeführt. Während der
ganzen Verſuchsdauer hat ſich die Beſchaffenheit des Grundwaſſers weder in dem Schlagbrunnen
S 4 noch auch in den Brunnen S 5 und S 6 verändert. Dagegen zeigte das Waſſer des Bohrbrunnens B 2 ſchon 240 Stunden nach Beginn des Zuſatzes einen Anſtieg des Chlorgehalts auf
20 mg, nach 288 Std. auf 38 mg im Liter. Bald darauf ſank der Chlorgehalt erſt auf 28, darauf auf
20 und weiter auf 14 mg und blieb ſo bis gegen Abſchluß des Verſuchs. Durch Chlorbeſtimmungen in
kurzen Zwiſchenräumen hatten wir uns darüber orientiert gehalten, wann die ſchwierigeren und zeit-
raubenderen Magneſiumbeſtimmungen einzuſetzen hätten. Der Anſtieg des Chlorgehalts in B 2
zeigt, daß das Chlormagneſium die ganze 32 m lange Strecke von S 3 bis nach B 2 zurückgelegt
haben muß. Es waren aber nur ſo geringe Spuren der Chlormagneſiumlöſung zu erwarten,
daß eine eingehendere Analyſe auf Magneſiumgehalt ſich erübrigte.

Auf Grund unſerer früheren Erfahrungen bei Verſuchen mit anderen Zuſätzen und der ganzen
Sachlage entſprechend mußte ich annehmen, daß die Chlormagneſiumlöſung infolge ihrer ſpezi-
fiſchen Schwere in größere Tiefe hinabgeſunken war. Die Richtigkeit dieſer Auf-
faſſung beſtätigte ſich, als die Schlagbrunnen S 4—S 6 am 21. Tage nach Beginn des Chlormagne-
ſiumzuſatzes zwei Stunden lang kräftig abgepumpt wurden. 1½ Stunden nach Beginn des Abpumpens ſtieg der Chlorgehalt in dem tiefſten der drei Schlagbrunnen von 12 auf 50, in dem mittleren von 12 auf 26, in S 4 blieb er auf 14 mg im Liter ſtehen. ½ Stunde ſpäter erreichte er in dem
tiefſten der drei Schlagbrunnen (S 6) 114 mg im Liter, in dem mittleren 28, in S 4 blieb er auf 14 mg
im Liter. Vier Stunden nach Aufhören des Abpumpens ergab eine Nachprüfung, daß der Chlorgehalt in ſämtlichen drei Brunnen wieder erheblich zurückgeſunken war (ſiehe die folgende Tabelle).
Am Tage darauf wurde der Brunnen S 6 wiederum 2½ Stunden kräftig abgepumpt. Der Chlorgehalt ſtieg jetzt in S 6 wieder innerhalb 1½ Stunden auf 24 mg, nach zwei Stunden auf 80, nach
2½ Stunden auf 110 mg im Liter. Vier Stunden nach Aufhören des Pumpens war er wieder auf
26 mg im Liter geſunken. Vor Beginn des erſtmaligen Abpumpens betrug der Geſamtmagneſiumgehalt des aus S 6 geförderten Waſſers 6,5 mg Mg im Liter, wovon 0,3 mg auf permanente
Magneſiahärte entfallen. Nach erſtmaligem, 2-ſtündigem Abpumpen war der Geſamtmagneſiumgehalt auf 34,6 mg Mg im Liter geſtiegen, wovon 26,6 mg auf permanente Magneſiahärte entfallen. Der Kalziumgehalt war in S 6 von 60 auf 72,6 mg Ca im Liter geſtiegen.

Am zweiten Tage, nach 2½ stündigem Abpumpen, waren in 1 l Wasser desselben Brunnens bei 37,1 mg Gesamtmagnesiumgehalt 26,2 mg Mg als permanente Magnesiahärte vorhanden.

Sobald der Chlorgehalt des Wassers im Brunnen S 6 wieder normal geworden war, entsprachen auch der Gesamtgehalt an Kalzium und Magnesium und die permanente Magnesiahärte wieder der ursprünglichen Zusammensetzung des Wassers.

Die Tabelle zeigt die gefundenen Chlormengen in mg pro Liter.

Verhalten einer 20 proz. Chlormagnesiumlösung in wasserführendem Sand.

Beginn des Abpumpens	2. 10. 10⁰⁰ vm.		3. 10. 9³⁰ vm.
Ende des Abpumpens	2. 10. 12⁰⁰ mittags		3. 10. 12⁰⁰ mittags
	S 4	S 5	S 6
	mg Chlor pro l		
2. 10. 11³⁰ vm.	14	26	50
12⁰⁰ m.	14	28	114
4⁰⁰ nm.	12	20	16
10⁰⁰ nm.	14	22	12
3. 10. 4⁰⁰ vm.	12	20	12
9³⁰ vm.	—	—	12
10⁰⁰ vm.	14	14	12
10³⁰ vm.	—	—	12
11⁰⁰ vm.	—	—	24
11³⁰ vm.	—	—	80
12⁰⁰ m.	—	—	110
4⁰⁰ nm.	14	12	26
10⁰⁰ nm.	14	14	16

Die beschriebenen Ergebnisse bestätigen die Richtigkeit unserer Auffassung, daß die Chlormagnesiumlösung unter den Filtern der Schlagbrunnen S4, S5 und S6 sowie unter dem Filter des Bohrbrunnens B2 hinweggeströmt ist und nur durch kräftiges Abpumpen aus der natürlichen tieferen Stromrichtung nach oben hin abgelenkt werden konnte.

Die 20 proz. Chlormagnesiumlösung hatte die 32 m lange Versuchsstrecke durch einen wasserführenden scharfen Sand innerhalb 240 Stunden zurückgelegt, d. h. sie war mit einer Geschwindigkeit von 1 mm in 27 Sekunden, d. h. 0,133 m in der Stunde, fortgeschritten. Zum weitaus größten Teil war sie aber in tiefere Bodenschichten hinabgesunken, von woher sie in der Mitte der Versuchsstrecke durch scharfes Abpumpen der dort befindlichen Versuchsbrunnen angesogen werden konnte.

Versuch 2a.

Ermittelung des Weges, den eine 20 proz. Chlormagnesiumlösung nach Einbringung in eine wasserführende Sandschicht nahm.

Neben den Schlagbrunnen S 4—6 wurden die Schlagbrunnen S 7 und S 8 noch tiefer eingetrieben. Das Filter von S 8 stand dicht über der zweiten Tonschicht (siehe Tafel XVII).

In S 3 wurde wiederum eine 20 proz. Chlormagnesiumlösung eingegossen, und zwar am ersten Tag 50 kg, am zweiten Tag 30 kg und an den darauffolgenden Tagen je 20 kg, später je 10 kg Chlormagnesium täglich. Innerhalb 23 Tagen wurden im ganzen 330 kg eingebracht.

Die Schlagbrunnen S 4—S 8 wurden täglich drei Stunden lang abgepumpt und in Perioden von einer halben Stunde Chlorbestimmungen des Wassers ausgeführt.

In S 4, dessen Filter 8,33—8,83 m unter Terrain stand, veränderte sich der Chlorgehalt überhaupt nicht. In S 5 (10,50—11,00 m tief) erhöhte er sich am vierten Tage bis auf 26 mg im Liter, später bis auf 28 mg, ein weiterer Anstieg erfolgte nicht.

In dem noch tieferen Schlagbrunnen S 6 (12,22—12,72 m tief) zeigte sich ein Anstieg des Chlor-gehalts am fünften Versuchstage, und zwar bis auf 296 mg, am folgenden Tage sogar bis auf 324 mg Chlor im Liter. Dabei war der Gesamtmagnesiumgehalt auf 61,3 mg Mg, die permanente Mg-Härte auf 55,7 mg Mg im Liter gestiegen, und der Kalziumgehalt betrug 164 mg Ca.

In dem zweittiefsten Schlagbrunnen S 7 (14,60—15,10 m tief) stieg der Chlorgehalt erst am siebenten Versuchstage an, und zwar nach dreistündigem Pumpen bis auf 34 mg, nach weiterem, sieben-stündigem Pumpen bis auf 80 mg.

In dem tiefsten Schlagbrunnen S 8 (18,10—18,60 m tief) machte sich ein Anstieg von Chlor überhaupt nicht geltend.

Hiernach bestätigte sich die weiter oben gezogene Schlußfolgerung, daß die Chlormagnesium-lösung nicht dem Grundwasserstrome horizontal folgte, sondern nach der Tiefe hin absank, jedoch, soweit sich aus den beschriebenen Versuchen entnehmen läßt, nicht direkt bis zu der Tonschicht hinunter, sondern sie passierte die Brunnenreihe S 4—S 8 in etwa halber Höhe zwischen dem Schlagbrunnen S 4 und dem Schlagbrunnen S 8.

Versuch 3.

Beobachtungen über das Durchdringen einer Chlormagnesiumlösung durch eine Tonschicht.

Bei Versuch 1 und 2 hatten wir die Chlormagnesiumlösung direkt in die wasserführende Sandschicht eingeleitet. Das entspricht Verhältnissen, wie sie sich von Natur unter Umständen er-geben; denn es muß, wie weiter oben nachgewiesen wurde, damit gerechnet werden, daß das Fluß-wasser unter Umständen in direkter Verbindung mit den wasserführenden Schichten der Umgebung steht. Auf dem Gelände, wo die Versuche ausgeführt wurden, liegt aber der scharfe Sand, wie oben dargelegt, unter einer — hier 8 m — starken Tonschicht, von der man, einer allgemein verbreiteten Auffassung folgend, annehmen mußte, daß sie eine direkte Kommunikation etwa vorhandener Fluß-läufe oder Gräben mit der wasserführenden Schicht, praktisch gesprochen, vollständig ausschließen müßte.

In dem Gelände finden sich Gräben, die etwa 1 m tief in die erwähnte Tonschicht eingeschnitten sind (Tafel XVIII). Der Graben D liegt ca. 25 m entfernt von dem Bohrbrunnen B 3, dessen Filter in einer Tiefe von 10—16 m unter Terrain steht. Zwischen dem Graben und dem Bohrbrunnen B 3 wurden die drei Schlagbrunnen S 9, S 10 und S 11 bis zu einer Tiefe von etwa 10 m eingetrieben. Auf der anderen Seite des Grabens wurde der Schlagbrunnen S 12 bis eben unter die Tonschicht eingebracht. Bei einem Dauerpumpversuch hatte sich gezeigt, daß der Wasserspiegel des Grabens D durch das Pumpen gesenkt wurde. Eine 67 m lange Strecke des Grabens wurde abgedämmt. Dieser Teil des Grabens faßte rd. 135 cbm Wasser. In ihn wurden 320 kg Chlormagnesium in gelöster Form im Laufe von etwa 24 Stunden allmählich eingebracht.

Der natürliche Chlorgehalt des Grundwassers in den Schlagbrunnen S 9—S 12 sowie in dem Bohrbrunnen B 3 lag bei 12 mg im Liter.

Schon 28 Stunden nach Beginn des Einbringens von Chlormagnesium in den Graben war der Chlorgehalt im Schlagbrunnen S 9 auf 74 mg im Liter gestiegen. 20 Stunden lang hielt er sich auf dieser Höhe, dann begann er zu sinken und war innerhalb 14 Tagen allmählich auf 34 mg Chlor im Liter zurückgesunken. In dem Graben war der Chlorgehalt durch Zusatz der Chlormagnesium-lösung bis auf 762 mg im Liter gestiegen. Der Graben wurde wegen der starken Absenkung des Wasserspiegels 4 Tage nach dem Chlormagnesiumzusatz mit nicht versalzenem Wasser wieder an-gefüllt. Darauf hatte er einen Chlorgehalt von 38 mg im Liter. Dieser nahm bis zum Schluß des Versuchs mit einigen Schwankungen bis auf 20 mg ab.

Auf der ganzen Strecke zwischen dem Graben D und dem Bohrbrunnen B 3 zeigten die Schlag-brunnen eine Zunahme des Chlorgehaltes, dessen maximale Höhe sich in S 10 auf 38 mg, in S 11 auf 28 mg und in B 3 nur auf 18 mg Chlor im Liter belief. Auch nach der von dem abgepumpten Brunnen abgekehrten Seite hin diffundierte die Chlormagnesiumlösung, denn auch im Schlag-brunnen S 12 stieg der Chlorgehalt bis auf 28 mg im Liter.

Der Kalziumgehalt erhöhte sich in dem Schlagbrunnen S 9 von 51,7 auf 87,1 mg im Liter. Auch hier wieder waren die wiederholt besprochenen Umsetzungen des Chlormagnesiums im Boden also nachweisbar. Der Anstieg der permanenten Magnesiahärte war entsprechend den verhältnismäßig geringen Chloranstiegen so gering, daß er innerhalb der Fehlergrenzen der Untersuchungsmethodik liegt.

Aus diesem Versuch 3 geht mit Deutlichkeit hervor, daß selbst eine 8 m starke, allerdings stellenweise mit Moorinseln durchsetzte Tonschicht das Grundwasser vor dem Übertritt des Chlormagnesiums aus den Oberflächengewässern nicht vollständig zu schützen vermag.

Die Versuche werden weiter fortgesetzt. Namentlich möchte ich feststellen, an welchen Punkten die Chlormagnesiumlösung sich in größter Konzentration findet. Ich vermute, daß sie auch hier von dem Graben aus in einer nach unten gerichteten Strömung fortschreitet.

Zusammenfassung der Hauptergebnisse eigener Versuche.

Zusammenfassend kann auf Grund eigener Feststellungen sowohl wie der Feststellungen anderer Autoren erklärt werden, daß mit dem Eindringen der Endlaugen in das Grundwasser, wenn auch nicht allgemein, so doch in sehr verbreitetem Maße, mit Sicherheit zu rechnen ist. Das in den Boden eindringende Chlormagnesium geht zwar Umsetzungen mit den im Boden vorhandenen Kalziumverbindungen ein; diese bewegen sich aber innerhalb enger Grenzen, jedenfalls können sie zu einer vollständigen Zersetzung und Zurückhaltung des durch die Endlaugen zugeführten Chlormagnesiums nicht führen. In der Regel wird der weitaus größte Teil des Chlormagnesiums in unzersetzter Form im Grundwasser wieder angetroffen werden. Das in Lösung gebrachte Chlorkalzium ist fernerhin nicht auf eine Stufe zu stellen mit dem von Natur vorkommenden Kalziumkarbonat, aus dem es durch die Umsetzung mit Chlormagnesium zumeist entsteht. Während der kohlensaure Kalk als ein verhältnismäßig indifferentes Salz bezeichnet werden kann, ist das durch den Einfluß der Endlaugen daraus entstehende Chlorkalzium selbst keineswegs ein indifferentes Salz, ebensowenig wie das Chlormagnesium.

Unsere eigenen Versuche mit Chlormagnesiumlösungen sind positiv ausgefallen. Sie haben gezeigt, daß Chlormagnesiumlösungen nicht nur weite Strecken einer wasserführenden Sandschicht passieren, ohne nennenswerte Umsetzungen zu erleiden, sondern namentlich haben sie auch gezeigt, daß selbst eine recht starke Tonschicht das Eindringen von Chlormagnesiumlösungen aus Oberflächengewässern in den Boden nicht zu hindern vermag. Bei unserem ersten Vorversuch war es nicht gelungen, Fluoreszein oder Prodigiosuskeime von wasserhaltigen Gräben aus durch eine Tonschicht in die wasserführende Schicht hineinzusaugen. Der zweite Vorversuch wurde ausgeführt in einem Gelände, in dem das Grundwasser fast immer 1 m höher stand als in einem benachbarten Graben, dessen Sohle in eine Tonschicht einschnitt, sie aber nicht durchschnitt. Bei Herstellung eines etwa $4\frac{1}{2}$ m tiefen Absenkungstrichters in den Brunnen, d. h. Absenkung desselben etwa $3\frac{1}{2}$ m unter den Wasserspiegel des Grabens, wurde das Grabenwasser nicht nachweisbar nach den 16—32 m entfernten Brunnen angesaugt. Eine weitere Absenkung um 1 m genügte aber, um das Grabenwasser durch die ganze bezeichnete Versuchsstrecke hindurch bis nach den Brunnen hin anzusaugen. Die vorhandene Tonschicht schützte dagegen nicht. Bei unseren Experimenten mit Fluoreszein und Prodigiosuskeimen (2. Hauptversuch) konnten wir diese Verbindung des Grabenwassers mit dem Grundwasser nicht nachweisen, solange wir die Tonschicht unter der Sohle des Grabens nicht durchstießen. Unsere Ergebnisse bei diesen Versuchen bringen den klaren Beweis dafür, daß man aus einzelnen derartig negativ verlaufenen Versuchen, selbst wenn sie in gründlichster Weise durchgeführt werden, Rückschlüsse auf einen sicheren Schutz des Grundwassers vor dem Zutritt benachbarten Oberflächenwassers nicht ziehen darf. Denn daß das Grabenwasser in diesem Falle trotz unserer negativ verlaufenen Experimente und trotz der schützenden Tonschicht eingedrungen ist, darf nach den mitgeteilten Ergebnissen als feststehend gelten. Der beschriebene erste Hauptversuch ist geeignet, jeden Zweifel nach dieser Richtung zu beseitigen; denn bei ihm stieg

nicht nur die gesamte Keimzahl des Grundwassers infolge Aufnahme des verunreinigten Grabenwassers erheblich an, sondern es wurden auch spezifische Keime hindurchgesaugt (Kolibakterien),
die in dem Grundwasser nicht, wohl aber in dem Grabenwasser vorhanden waren.

Der gegenwärtige Versalzungsgrad der Flüsse.

Weiter oben (S. 15) ist der Beweis dafür erbracht worden, daß Chlormagnesium
und Magnesiumsulfat im Bereiche des Niederschlagsgebietes der Elbe und der Weser von
Natur in den Flüssen gar nicht oder in kaum nennenswerter Menge vorkommen. Außer den
Kaliwerken und der Mansfeldschen Gewerkschaft sind andere Industrien, welche Chlormagnesium
und Magnesiumsulfat in nennenswerten Mengen in die Flüsse leiten, nicht zu verzeichnen. Man
kann deshalb den Gehalt an Chlormagnesium und Magnesiumsulfat, den die Elbe und Weser
sowie ihre Nebenflüsse führen, ohne weiteres den Kaliwerken und bei der Elbe auch den Mansfeldschen Werken zuschreiben. In der umfangreichen Literatur und in zahlreichen Gutachten, welche
über die Versalzung der Elbe und Weser vorliegen, wird dem Chlormagnesium die größte Bedeutung zugeschrieben. Trotzdem lagen Analysen über den Chlormagnesiumgehalt der in Frage
stehenden Gewässer nicht vor, abgesehen von den oben schon erwähnten Pfeifferschen Versuchen,
zu brauchbaren Werten hierüber zu kommen. Fast durchweg wird die Endlaugenversalzung zum
Ausdruck gebracht durch zahlenmäßige Angaben über die Verhärtung des Flußwassers,
außerdem durch Bestimmung des Chlorgehaltes. Es kann insofern gerechtfertigt erscheinen,
die durch die Endlaugen hervorgerufene Versalzung als Verhärtung auszudrücken, als Magnesia,
ebenso wie Kalk, zu den Erdalkalien gehört, welche die Härte des Wassers bewirken. Bei der von
den Endlaugen herrührenden Härte handelt es sich, wie wir gesehen haben, durchweg um permanente
Härte. Umwandlungen in vorübergehende Magnesiahärte durch Bildung von Magnesiumkarbonat
treten im Flusse, wie oben dargelegt wurde, nur unter ganz besonderen Umständen in Erscheinung,
wie z. B. in der Bode. Dabei nimmt aber die permanente Härte nicht ab, denn es kommt zur Bildung von Chlorkalzium, das ebenso wie Chlormagnesium nur permanente Härte bildet. Dadurch,
daß wir die Endlaugenversalzung unserer Flüsse in der Form einer Steigerung der Gesamthärte
registrieren, kommt nicht zum Ausdruck, daß die Verhärtung keineswegs etwa auf eine Stufe gesetzt
werden darf mit der von Kalziumkarbonat oder Magnesiumkarbonat herrührenden Härte. Kalziumkarbonat und Magnesiumkarbonat, die, wie dargelegt, von Natur in unseren Flußläufen vorkommen,
dürfen bis zu einem gewissen Grade als indifferente Salze angesehen werden. Das Chlormagnesium
aber ist keineswegs ein indifferentes Salz. Sein Geschmack ähnelt demjenigen
des Bittersalzes (Magnesiumsulfat). Auch hat es pharmakodynamische Wirkungen, die
denjenigen des Bittersalzes verwandt sind. Daß das Chlormagnesium auch in bezug auf technische
Interessen durchaus nicht indifferent ist, wird an anderer Stelle gezeigt werden. Hiernach könnte
es als eine euphemistische Ausdrucksweise bezeichnet werden, den Grad der Endlaugenversalzung
durch die Steigerung der Gesamthärte zu bestimmen.

Die natürliche, zumeist durch Kalzium bedingte Gesamthärte der in Mitleidenschaft ge-
zogenen Flußläufe stellt einen ziemlich gleichbleibenden Faktor dar. Das Elbwasser oberhalb der
Einmündung der Saale zeigt auch heute noch eine Gesamthärte von nur etwa 4—7°. In der
Fulda bei Hann. Münden fanden wir ebenfalls nur 6,3 Härtegrade. Besonders wichtig ist bei
diesen natürlichen Härteverhältnissen, daß die Kalkhärte immer viel höher ist als die
Magnesiahärte. Das ist, wie noch gezeigt werden soll, aus mancherlei Gründen außerordent-
lich wichtig. Das Bild verändert sich sofort nach Aufnahme der Endlaugen. Die dadurch hinzu-
kommende Härte ist, wie schon erwähnt, ausschließlich als permanente Magnesiahärte aufzufassen.
Überall, wo Endlaugen in erheblichen Mengen eingeleitet werden, kehrt sich das Verhältnis
der Magnesiahärte zur Kalkhärte um, bis zu dem Grade, daß die permanente Magnesiahärte sogar
überwiegt. Hierin kommt eine höchst bedenkliche Tatsache zum Ausdruck, welche man unter allen
Umständen berücksichtigen muß, wenn man die Endlaugenversalzung der Flüsse durch die Steigerung der Gesamthärte zum Ausdruck bringen will. Im übrigen läßt sich der Grad der Strom-
versalzung durch die Endlaugen ziemlich genau zum Ausdruck bringen durch die eingetretene

Steigerung der Gesamthärte, da, wie schon dargelegt, die natürliche Härte fast überall als ein bei gleichen Abflußmengen nur geringen Schwankungen ausgesetzter, fast gleichbleibender Faktor in Abzug gebracht werden kann. Die beiden Tabellen auf S. 45 und 46 geben ein ungefähres Bild davon, wie weit die Versalzung der Elbe und der Weser bislang schon gediehen ist.

In beiden Tabellen habe ich unter Hinweglassung der sehr zahlreichen sonstigen analytischen Angaben nur die Maximalwerte eingetragen, welche die Literatur und die mir vorliegenden Gutachten aufweisen. Unter a ist diejenige Zusammensetzung der betreffenden Gewässer jedesmal eingesetzt, die als natürlich gilt, unter b die maximale bislang beobachtete Versalzung, die wir in der Literatur und den vorliegenden Gutachten fanden. Unsere eigenen Untersuchungen haben stellenweise zu noch weit höheren Werten geführt, sie sind unter c eingetragen. Die höchste Versalzung im Elbgebiet konnten wir in der Bode konstatieren mit 153° Gesamthärte, wovon 120,4° auf permanente Magnesiahärte entfielen, entsprechend einem Gehalt an Chlormagnesium von 2036 mg im Liter. In der Wipper (U.) wurde eine Verhärtung bis auf 144° konstatiert, in der Unstrut eine Gesamthärte von 72,4°. In der Saale bei Grizehne,

Höchstwerte in dem Salzgehalte der Flüsse im Elbgebiet.

a) natürlicher Salzgehalt, b) durch salzhaltige Abwässer erhöhter Salzgehalt, c) Resultate eigener Untersuchungen.

Fluß	Entnahmestelle		Chlor	SO$_4$ mg im Liter	Ca	Mg	Ges.Härte ° d. H.	Mg-Härte ° d. H.
Wipper	Bei Sondershausen u. Sachsenburg	a[1])	97,7	—	235,0	53,2	44,1	12,4
"	Bei Günserode und Sachsenburg	b[2])	1940[2a])	574,0	269,0	235,0	144,0[2a])	54,8
"	Vor der Mündung in die Unstrut bei Sachsenburg	c[3])	1340	634,7	232,1	338,1	111,4	78,9
Unstrut	Zwischen Gorsleben und Ritteburg	a[4])	275,1	438,0[4a])	247,0	47,7	45,3	11,1
"	Zwischen Artern und Schönewerda	b[5])	649	698,0	286,0	138,8	72,4	32,4
"	Vor der Mündung in die Saale bei Kl. Jena	c[3])	700	454,1	175,0	151,8	59,9	35,4
Bode	Oberhalb Douglashall	a[6])	49	50,4	65,7	10,2	11,6	2,4
"	Bei Hohenerxleben und Nienburg	b[7])	3447,2	559,2	226,6	538,4[7a])	133,8	125,6[7a])
"	Vor der Mündung in die Saale bei Nienburg	c[3])	3600	703,8	157,1	561,6	153,0	131,0
Saale	Oberhalb der Unstrutmündung	a[8])	50	—	100,0	19,4	18,5	4,5
"	Bei Bernburg	b[9])	1952,5[9a])	349,2	181,1	67,0	39,5	15,6
"	Bei Grizehne	c[†])	1600	302,5	164,9	155,1	59,3	36,2
Elbe	Oberhalb der Saalemündung	a[10])	39[10a])	—	24,3	4,3	4,4	1,0
"	Linkes Ufer b. Stromelbe b. Magdeburg	b[11])	928	—	120,0	65,6[11a])	29,9	15,3[11a])
"	Rechtes Ufer der Vollelbe b. Magdeburg	b[11a])	464,7	—	85,7	50,5[12]	21,7	11,8[12])
"	Bei Hamburg	c[††])	480	109,4	70,7	43,9	20,1	10,2

[1]) Gutachten über Wipper u. Unstrut, l. c. S. 41.

[2]) " " " " " " " 119.

[2a]) " " " " " " " 46.

[3]) Vgl. Anlage 2 dieses Gutachtens.

[4]) Gutachten über Wipper u. Unstrut, l. c. S. 47.

[4a]) " " " " " " " 85.

[5]) " " " " " " " 112 u. 113.

[6]) Jocke, Kleinere Mitteilungen usw. Repertorium der analytischen Chemie. 1887, S. 287.

[7]) Gutachten über die Verunreinigung der Saale, l. c. S. 306.

[7a]) B. Wittjen, bei Kraut, über die Veränderungen, welche das Elbwasser durch die Effluvien der Staßfurter Industrie erleidet. Die chemische Industrie, Bd. 6, 1883, S. 367.

[8]) Vogel, III. Nachtragsgutachten, l. c. S. 48.

[9]) Vogel, Gutachten in Sachen der Stadt Bernburg, l. c., Anlage 1, S. 43 u. 44.

[9a]) Ebenda, Anlage 2, S. 16.

[10]) Vogel, III. Nachtragsgutachten, l. c. S. 38.

[10a]) Wendel, Unters. des Magdeburger Elb- u. Leitungswassers von 1904—1911, Tabelle 9.

[11]) O. Pfeiffer, Studien über die Beschaffenheit und Bewegungserscheinungen des Elbwassers. Zeitschr. f. d. ges. Wasserwirtschaft, Bd. 3, 1908, S. 376.

[11a]) Wendel, Untersuchungen des Elbwassers bei Magdeburg und Tochheim während der Eisstandperiode Januar/Februar 1912, S. 12 u. 13.

[12]) Probe v. 23. 1. 1912, analys. v. O. Pfeiffer.

[†]) Entnommen am 23. 8. 1912. — [††] Entnommen am 22. 9. 1909.

nahe der Mündung in die Elbe, konnten wir eine Gesamthärte von 59,3° feststellen, wovon 32,2° auf permanente Magnesiahärte entfielen, was einem Chlormagnesiumgehalt von 546 mg im Liter entsprechen würde.

Der gegenwärtige Versalzungsgrad der Weser und ihrer Zuflüsse stimmt ungefähr mit dem des Elbgebietes überein. Stellenweise ist er sogar noch größer. Z. B. hat sich in dem Wasser der Schunter schon eine Gesamthärte von 359,4° nachweisen lassen. Im Unterlauf der Oker ist die natürliche Gesamthärte von 16° durch Endlaugen zeitweise bis auf 60° gebracht worden. In dem Werrawasser ist eine Gesamthärte von 49° konstatiert worden, in der Leine eine Gesamthärte von 51,7°.

Die in den Tabellen eingetragenen analytischen Daten über den Chlorgehalt sind nicht etwa stets in denselben Proben gefunden worden wie die übrigen angegebenen Werte, sondern wir haben, wie oben dargelegt wurde, für die verschiedenen Punkte der Stromläufe überall die maximalen bisher konstatierten Werte zusammengestellt.

Höchstwerte in dem Salzgehalt der Flüsse im Wesergebiet.

a) natürlicher Salzgehalt, b) durch Endlaugen erhöhter Salzgehalt, c) Resultate eigener Untersuchungen.

Fluß	Entnahmestelle		Chlor	SO₄	Ca	Mg	Ges.Härte °d.H.	Mg-Härte °d.H.
				mg im Liter				
Werra	Bei Meiningen	a¹)	12	25,7	34,6	4,0	5,8	0,9
"	Bei Eschwege	b²)	1560	421,8	122,9	135,6	48,9	31,6
"	Bei Hann.-Münden	c¹)	420	148,2	80,0	55,2	24,1	12,9
Schunter	Oberhalb Beienrode	a³)	44	258,0	137,0	24,0	23,8	5,6
"	Unterhalb Beienrode	b³)	5200	1057,0	167,0	1470,0	359,4	343,0
Oker	Oberhalb Oker	a¹)	14	37,1	22,9	6,3	4,7	1,5
"	Unterhalb der Schuntermündung	a⁴)	41,5	134,9	91,2	13,0	15,8	3,0
"	Ebenda und bei Müden	b⁵)	825,4	167,0⁵ᵃ)	104,0⁵ᵃ)	195,9	59,9	45,7
Innerste	Oberhalb Langelsheim	a¹)	8	45,2	20,3	5,0	4,0	1,2
"	In Langelsheim	a⁶)	19,5	45,6	14,0	13,3	5,1	3,1
"	Bei Gr.-Düngen u. bei Hildesheim	b⁷)	420,8	141,6⁶)	118,1	74,8	34,0	17,5
Leine	Bei Hannover	a⁸)	98	156,0	111,4	18,7	19,9	4,4
"	Bei Hannover	b⁹)	744	—	—	—	51,7	—
Aller	Oberhalb der Okermündung . .	a¹⁰)	75	46,8	42,2	7,8	7,7	1,8
"	Oberhalb der Okermündung . .	b¹¹)	710	190,7	85,7	155,5	48,3	36,3
Weser	Bei Holzminden	a¹²)	38	ger. Mengen	52,1	Spur	—	—
"	Bei Bremen	a¹³)	60	90,0	67,0	12,0	12,2	2,8
"	Bei Bremen	b¹⁴)	420	165,0	89,0	44,0	22,0	10,3

¹) Vgl. Anlage 2 dieses Gutachtens.
²) Nach Untersuchungen von Prof. Becker-Frankfurt a. M. Vgl. auch Allg. Fischerei-Zeitung 1912, Nr. 8.
³) Gutachten über Schunter, Oker u. Aller, l. c. S. 289.
⁴) Ebenda S. 297.
⁵) Vogel, Denkschrift vom 4. Oktober 1911, betr. die zeitige Versalzung (Verhärtung) des Wassers der Aller und ihrer Nebenflüsse durch Abwasser der Kaliwerke, insbesondere durch Kalienendlaugen, S. 50 (vgl. Tjaden l. c. S. 62).
⁵ᵃ) Gutachten über Schunter, Oker u. Aller, l. c. S. 303 u. 306.
⁶) Ohlmüller, Gutachten des Reichsgesundheitsrates betr. die Verunreinigung von Quellen im Innerste-

tale u. der Innerste. Arb. a. d. Kaiserl. Ges.-Amte, Bd. 18, 1902, S. 191.
⁷) Kraut, Cum grano salis, Die Kali-Industrie im Leine- und Wesergebiete, 1902, S. 67.
⁸) Ost, l. c. S. 20.
⁹) Tjaden, l. c. S. 63.
¹⁰) Gutachten über Schunter, Oker u. Aller, l. c. S. 311.
¹¹) Vogel, Denkschrift vom 4. Oktober 1911, l. c. S. 49.
¹²) Ohlmüller, Gutachten betr. die Einführung der Abwässer aus der chem. Fabrik von A. u. B. zu C. bei D. in die Weser. Arb. a. d. Kaiserl. Ges.-Amte, Bd. 6, 1890, S. 318.
¹³) Tjaden, l. c. S. 17.
¹⁴) Ebenda, S. 20 u. 22.

In der Bode haben wir im Juli 1912 einen natürlichen Chlorgehalt von 42 mg im Liter gefunden, nach Aufnahme der Endlaugen aber einen Chlorgehalt von 3600 mg im Liter. Die von uns konstatierte Versalzung ist also noch etwas höher als die in der Tabelle unter b angegebene.

In der Wipper (U.) ist ein Chlorgehalt von 1940 mg festgestellt worden, in der Saale von 1952,5, in der Elbe bei Magdeburg von 928 mg.

Die hier angeführten Zahlen stehen nicht in Beziehung zu der Katastrophe im Anschluß an den Durchbruch des Salzigen Sees, die zum Überpumpen großer Salzmengen in die Saale Anlaß gab, sondern es handelt sich durchweg um Analysenwerte, die später gewonnen wurden. Auch im Juli 1912 fanden wir im Oberlauf der Saale bei Jena nur 16 mg Chlor, nahe der Saalemündung aber 1260 mg, im August sogar 1600 mg.

Im Wesergebiet sind auch in bezug auf den Chlorgehalt stellenweise schon höhere Werte zu konstatieren gewesen als im Elbgebiet. Z. B. fand sich in der Schunter nach Aufnahme der Endlaugen ein Chlorgehalt von 5200 mg im Liter gegen 44 vor Einleitung der Endlaugen. In der Werra wurden 1560 mg Chlor im Liter gefunden, in der Leine 744, in der Oker 825, in der Innerste 420, in der Weser bei Bremen 420 mg im Liter.

Auf die übrigen in den Tabellen enthaltenen Werte braucht hier zunächst nicht näher eingegangen zu werden.

Behördliche Maßnahmen gegen die Versalzung der Elbe, der Weser und ihrer Zuflüsse.

Die oben dargelegte starke Versalzung der Elbe und der Weser hat naturgemäß Anlaß gegeben zu Klagen und Beschwerden derjenigen, die auf den Gebrauch dieser Flußwässer angewiesen sind. Die Abhilfemaßregeln der Regierungen bestanden durchweg darin, daß eine maximale Grenze der Verhärtung oder Versalzung festgestellt wurde, die nicht überschritten werden sollte. Die in Frage kommenden Vorschriften sind in der umstehenden Tabelle schematisch zusammengestellt. Sie bieten ein verhältnismäßig buntes Bild.

Besonders auffallend gestaltet sich ein Vergleich der in den verschiedenen Bundesstaaten festgelegten oberen Verhärtungs- und Versalzungsgrenzen mit der tatsächlich konstatierten Verhärtung bzw. Versalzung, die aus umstehender Tabelle ersichtlich sind. Die niedrigste behördlich als zulässig bezeichnete Verhärtungsgrenze beträgt 30° Gesamthärte. Das muß sehr auffallen im Vergleich zu den im nächsten Kapitel dargelegten Auffassungen, betreffend die durch Chlormagnesium bedingten Schädigungen. Für einzelne Flußstrecken wird aber sogar eine Verhärtung bis auf 65° zugelassen, und wo nicht eine Grenze, sondern eine Zusatzverhärtung — bis um 35° — zugelassen wird, kann diese Grenze unter Umständen noch erheblich überschritten werden.

Für Fragen der Flußversalzung ist zurzeit nicht das Reich zuständig, sondern sie werden durch Landesrecht entschieden. Nur dadurch wird es verständlich, daß in einer Strecke des Flußlaufes eine etwa doppelt so starke Versalzung behördlich zugelassen wird als in anderen Strecken desselben Flußlaufes. Verständlich könnte es noch erscheinen, wenn überall dort, wo kleinere Flußläufe sich in größere ergießen, in letzteren die maximal zulässige Verhärtungsgrenze herabgesetzt würde. In solchem Falle würden die kleineren Flüsse oder Teile derselben als sogenannte Opferstrecken zu gelten haben. Ganz und gar unlogisch will es aber erscheinen, wenn in einem Bundesstaat eine Verhärtung bis auf 60° zugelassen wird, in dem stromabwärts gelegenen Bundesstaat aber für denselben Stromlauf nach Überschreitung der bundesstaatlichen Grenze nur eine Verhärtung bis auf 37,5°. Als direkte Folge solcher Maßnahmen ergibt sich, daß in dem stromabwärts an demselben Flußlauf gelegenen Staate, wenn der Fluß nicht inzwischen starke Zuflüsse reinen Wassers erhält, Kalikonzessionen überhaupt nicht erteilt werden können. Daß solche Zustände unhaltbar sind und einer einheitlichen Regelung dringend bedürfen, ist ohne weiteres klar. Ein Einblick in umstehende Tabelle zeigt aber des weiteren, daß dort, wo eine Verhärtung auf 45° behördlich zugelassen war, tatsächlich eine Verhärtung auf 111,4° gefunden wurde. Wo 55° Verhärtung zugelassen war, konnte eine Verhärtung bis auf 359,4° konstatiert werden.

Wo der maximale Chlorgehalt mit 450 mg behördlich festgesetzt war, konnte ein Chlorgehalt von 5200 mg nachgewiesen werden. Wo die Behörde 550 mg Chlor gestattete, konnte ein Chlorgehalt von 1560 mg im Liter analytisch nachgewiesen werden usw. Es bedarf hiernach keines weiteren Wortes darüber, daß die nachgewiesenen Überschreitungen der

Festgelegte Grenzen der zulässigen Verhärtung und Versalzung der Flußläufe sowie festgestellte Überschreitungen dieser Grenzen.

Fluß	Festgesetzt in	Gesamthärte ° d. H.		Chlorgehalt mg im Liter	
		zulässige Grenze (+ = Erhöhung)	tatsächl. Befunde*)	zulässige Grenze (+ = Erhöhung)	tatsächl. Befunde*)
Elbgebiet.					
Lossa	Sachsen-Weimar	55[1]	—	400[1]	—
Ilm	Sachsen-Weimar	65[1]	—	450[1]	—
Wipper	Preußen	45[2]	111,4	—	1340
	Schwarzburg-Rudolstadt	45[2], + 35[3]	144	+ 7(0)[3]	1940
	Schwarzburg-Sondershausen	45[2]	...	—	—
Helme	Sachsen-Weimar	42—45[4]	—	—	—
	Preußen	37,5[4]	—	—	→
Unstrut	Schwarzburg-Rudolstadt	+ 25[5]	—	+ 500[5]	—
	Sachsen-Weimar	60[6]	—	—	—
	Preußen	37,5[6]	72,4	—	700
Bode	—	unbeschränkt	153	—	3600
Saale	Preußen	30[7]	47,8**)	—	—
Elbe	Preußen	30—35[8]	29,9	—	928
Wesergebiet					
Werra	Sachsen-Meiningen	—	—	+ 50 mg Salze[9]	—
	Sachsen-Weimar	unbeschränkt bzw. 55[10]	—	unbeschränkt[10]	—
	Preußen	+ 10[10]	48,9	550[10]	1560
Ulster	Preußen	+ 15[10]	—	400[10]	—
	Sachsen-Weimar	55[9]	—	550[9]	—
Fulda	Preußen	40[9]	—	400[9]	—
Schunter	Braunschweig	55[11]	359,4	450[11]	5200
Oker	Braunschweig	45[11]	59,9	450[11]	825,4
Innerste	Preußen	30[12]	34,0	—	—
Leine	Preußen	29—30[13]	51,7	450[13]	744
Aller	Preußen	45[14], 35[15]	48,3	410[15]	710

[1]) Vorläufige Entscheidung des Großherzogl. Sächsischen Staatsministeriums in Weimar vom 11. Mai 1909 in Sachen der Gewerkschaft Rastenberg.

[2]) Gutachten über Wipper u. Unstrut, l. c. S. 30.

[3]) Rekursentscheid vom 10. Mai 1912 zum Antrag der Gewerkschaft Schwarzburg.

[4]) Wie zu [2]) S. 36 (an der Mündung).

[5]) Rekursentscheid vom 10. Mai 1912 zum Antrag der Gewerkschaft Seehausen.

[6]) Wie zu [2]) S. 35 (Entscheidungen der Behörden); auf S. 106 werden vom R.G.R. 50° Ges.-H. und 300 mg Chlor im Liter als Grenzzahlen für Wipper und Unstrut vorgeschlagen.

[7]) Rekursentscheid vom 6. Nov. 1907 zum Antrag der Gewerkschaft Krügershall sowie Entscheidung des Bez.-Aussch. zu Merseburg vom 5. Jan. 1912 in Sachen der Adler-Kaliwerke, des Kaliwerkes Krügershall und der Gewerkschaften Johannashall und Salzmünde.

[8]) Entscheidung des Bez.-Aussch. zu Magdeburg vom 9. Sept. 1911 in Sachen der Kaliwerke Ummendorf-Eilsleben, Burbach, Beendorf und Weferlingen.

[9]) Tjaden, l. c. S. 29.

[10]) Ebenda, S. 27.

[11]) Ebenda, S. 26.

[12]) Ebenda, S. 25 u. 28.

[13]) Ebenda, S. 25, 26 u. 28.

[14]) Ebenda, S. 26 u. 28.

[15]) Ebenda, S. 29 (an der Mündung).

*) Vgl. Tabellen auf S. 45 u. 46.

**) Vogel, Gutachten für die Elektrizitätswerke und chemischen Fabriken Woltramshausen vom April 1909.

behördlich zugelassenen Maximalversalzung der Elbe und Weser wie ihrer Zuflüsse trotz aller auf Seite 11 und 12 beschriebenen Aufsichts- und Kontrollmaßregeln einen Grad erreicht haben, der den üblichen Auffassungen über die Bedeutung von Recht und Gesetz stellenweise geradezu Hohn spricht. Es kommt, wie im nachstehenden nachgewiesen werden soll, hinzu, daß die behördlich festgelegten Maximalgrenzen durchaus nicht im Einklang stehen mit den von den berufensten sachverständigen Behörden vertretenen Auffassungen.

Vorschläge zur Verfestigung der Endlaugen und zu ihrer Fernhaltung aus den Flußläufen.

Die Vertreter der Kali-Industrie haben infolge der gegen die Endlaugenableitung erhobenen zahlreichen Proteste mit mancherlei erheblichen Schwierigkeiten zu kämpfen gehabt. Sie sind aus diesem Grunde, und auch weil sie das in den Endlaugen enthaltene Chlormagnesium zu verwerten wünschten, schon seit vielen Jahren bemüht gewesen, ein Verfahren ausfindig zu machen, durch welches alle Klagen über Versalzung der Flüsse beseitigt und der Weg für den wünschenswerten weiteren Ausbau der Kali-Industrie frei gemacht werden könnte.

Die hierher gehörigen Vorschläge bewegen sich nach drei Richtungen:

1. wird die Nutzbarmachung der Endlaugen angestrebt,
2. ihre Überführung in eine Form, welche die Rückbeförderung in die Schächte ermöglicht,
3. die direkte Beförderung ins Meer in besonderen Kanälen, Druckleitungen oder Kähnen.

Verwertung der Endlaugen.

E. v. Alten[1] schlägt vor, die Endlaugen mit gebranntem Kalk zu versetzen und so unter Ausnutzung der Reaktionswärme zu verfestigen. Das Endprodukt, welches als Endlaugen-kalk bezeichnet wird, soll als Düngemittel verwendet werden und sich dafür besser eignen als reiner Kalk. Es soll aber höchstens 0,4% K_2O enthalten. Durch ein Zusatzpatent wird in Aussicht genommen, nicht die Endlaugen, sondern die Anfangslaugen zur Herstellung des Düngemittels zu benutzen. Dann würde sich ein Produkt mit etwa 7—8% K_2O ergeben. Von sachverständiger Seite wird vorgeschlagen, Versuche über das so entstandene Produkt anzustellen, jedoch wird hinzugefügt, daß man erst nach Jahren zu einem endgültigen Urteil würde kommen können, ob das Produkt die Verfrachtungskosten tragen könnte und für Düngezwecke tatsächlich besser geeignet sei als reiner Kalk. In sachverständigen Kreisen gilt es jedoch schon jetzt als feststehend, daß dieses Verfahren aus verschiedenen Gründen ganz undurchführbar ist.

M. Ißleib[2] hat vorgeschlagen, die Endlaugen durch Zusatz von wasserfreier Soda und Braunkohle bestimmter Herkunft in eine sog. Humus-Magnesia zu verwandeln. Es bilden sich Magnesiumkarbonat und Kochsalz, die nach Auffassung des Autors unschädlich für das Pflanzenwachstum sein sollen. Die Kosten sollen sich auf 290 M. pro 100 dz der fertigen Humus-Magnesia stellen. Der Handelswert soll eventuell durch Zusatz stickstoffhaltiger und anderer Düngemittel erhöht werden. Unter Umständen sollen auch andere Abwässer, die reich sind an organischen Stoffen, mit verarbeitet werden. Darüber, ob das Verfahren rentabel und das Produkt als Düngemittel wirklich brauchbar sei, liegen verwertbare Erfahrungen zurzeit noch nicht vor. Ich sehe deshalb davon ab, eigene Bedenken dagegen anzuführen. Nur will ich erwähnen, daß gegen dies Verfahren, ebenso wie gegen das v. Altensche, von sachkundiger Seite eingewendet wird, daß es als völlig ausgeschlossen gilt, die ungeheuren Massen, die sich dabei ergeben würden, als Düngemittel unterzubringen.

R. Weldert[3] hat darauf hingewiesen, daß die Endlaugen zweifellos mit Erfolg zur Staubbekämpfung auf Straßen verwendet worden sind, sofern sie einigermaßen frei von Kochsalz waren. Auch einzelne Eisenbahnämter haben die Kaliendlaugen mit Erfolg zur Staubbekämpfung angewendet. Zu einer Anwendung in diesem Sinne, die zu einem Konsum nennenswerter Endlaugenmengen geführt hätte, ist es aber zurzeit noch nicht gekommen. Ein Teil des Chlormagnesiums würde dabei schließlich doch wieder in die Flüsse abgeschwemmt werden.

[1] C. L. Reimer, Die patentierten Verfahren zur Beseitigung von Endlaugen der Kaliindustrie. Kali, Zeitschr. usw., 1911, S. 393.

[2] C. L. Reimer, Über Ißleibs Verfahren zur Beseitigung der Endlaugen. Kali, Zeitschr. usw., 1912, S. 445.

[3] R. Weldert, Über Staubbindung auf Straßen durch gewerbliche Abwässer. Vierteljahrsschr. f. gerichtl. Medizin und öff. Sanitätswesen, 3. Folge, Bd. 38, Seite 182—183, 192.

Etwa 3%[1]) der Endlaugen werden durch Eindampfen auf Chlormagnesium verarbeitet. Dieses wird hauptsächlich in der Textilindustrie verwendet, ferner zum Imprägnieren von Holzfasern, um diese unverbrennlich zu machen, und zur Herstellung von Magnesiazement. Durch Vermengen mit gebranntem Magnesit und einem Füllmittel wird Chlormagnesiumlösung zu einem Brei verarbeitet, der wie Zement auf Fußböden aufgestrichen werden kann, schnell erhärtet und einen fugenlosen Fußbodenbelag ergibt[2]). Wenn sich hierdurch auch die Möglichkeit einer weiteren Verwendung des Chlormagnesiums der Endlaugen ergibt, so kann es sich auch hier vorläufig doch nur um Mengen handeln, die praktisch ohne Bedeutung sind. Nach B. Wagner[3]) kommt als Massenabsatz für Chlormagnesium vielleicht eine dem Aluminium ähnliche Verwendung des Magnesiums als Metallegierung in Frage.

Verschiedentlich ist die Verarbeitung des Chlormagnesiums auf Salzsäure in Vorschlag gebracht worden. Das Chlor wird aber heute auf elektrochemischem Wege so billig gewonnen, daß seine Herstellung aus Chlormagnesium nicht zu einem Nutzen, sondern nur zur Entstehung unverhältnismäßig hoher Kosten führen kann. Bei dem Verfahren ergibt sich Magnesiumoxyd, das sich für manche industrielle Zwecke, z. B. für die Abwasserklärung, besser eignen soll als reine Kalkmilch. Daß dies Verfahren in einer Fabrik in Leopoldshall angewendet wird, wurde auf Seite 4 gesagt.

Benutzung der Endlaugen als Bergeversatz.

a) ohne Zusatz. M. Nahnsen[4]) hat vorgeschlagen, die Endlaugen so weit einzudampfen, daß sie 43% Chlormagnesium enthalten, und sie in noch heißem, flüssigem Zustande in die Gruben zurückzuleiten, wo sie von selbst erstarren und deshalb als druckfeste Masse zum Ausfüllen von Hohlräumen benutzt werden können, und zwar entweder für sich allein oder aber in der Weise, daß man Steinsalz oder sonstige Abfallprodukte in die Hohlräume einbringt und mit der heißen Endlauge ausgießt, die schon bei 100° fest wird. Als Bedenken gegen dieses Verfahren wird die dadurch veranlaßte Zubringung großer Wärmemengen in die Gruben hervorgehoben, auch die Möglichkeit von Unglücksfällen durch Verbrennung.

C. Przibylla[5]) hat sogar vorgeschlagen, die Endlaugen in ihrem natürlichen Zustande ohne weiteres zur Ausfüllung von Hohlräumen im Steinsalzgebirge zu benutzen. Das Verfahren würde jedenfalls das einfachste und billigste sein. Es soll in einem Falle vorübergehend angewendet worden sein, ob mit Genehmigung der Bergbehörde, ist nicht bekannt.

b) mit Zusatz. A. Wagner[6]) will Endlaugen mit Kalk so mischen, daß sich ein streubares Pulver ergibt.

H. Lauffer[6]) will die Entstehung von Klumpen, wie sie bei Wagners Verfahren vorkommen sollen, dadurch verhüten, daß er indifferente Mittel, wie Braunkohlenasche, zumischt. Es ergibt sich dann eine zähflüssige Masse, die beim Erkalten erstarrt und als Bergeversatz benutzt werden soll.

H. Mehner und C. Plock[7]) haben verschiedene Verfahren zur Verfestigung der Endlaugen vorgeschlagen. Zunächst wollten sie diese mit Kalk und mit Rohkieserit mischen und dadurch in eine druckfeste Masse verwandeln. Des weiteren haben sie vorgeschlagen, noch Sand und Steine hinzuzufügen. Das Verfahren wird aber als zu teuer bezeichnet. Drittens hat Mehner vorgeschlagen, einen Teil der Endlaugen bis zur Bildung des sogenannten Vierersalzes einzuengen. Die Endlaugen stellen ein Zehnersalz dar, d. h. 1 Molekül Chlormagnesium auf 10 Moleküle Wasser. Durch starkes Einengen bildet sich das Sechsersalz (1 Molekül Chlormagnesium und 6 Moleküle Wasser). Noch stärkere Konzentration führt zur Bildung des Vierersalzes (1 Molekül Chlormagnesium und 4 Moleküle Wasser). Das Vierersalz zieht Wasser mit großer Begierde an. Diese Eigenschaft will Mehner

---

[1]) Reimer, Die patentierten Verfahren usw., l. c. S. 389.
[2]) Ehrhardt, Die Kaliindustrie, 1907, S. 62—66.
[3]) B. Wagner, Allgemeines über die Versalzung der Flußläufe durch Abwässer aus Kalifabriken und Kalischächten. Zeitschr. f. öff. Chemie, 1912, Jg. 18, S. 445.
[4]) Reimer l. c. S. 389.
[5]) Reimer l. c. S. 390.
[6]) Reimer l. c. S. 391.
[7]) Reimer l. c. S. 392.

in folgender Weise benutzen: Durch Zuführung von 275 Teilen Endlauge zu 334 Teilen Vierersalz bilden sich 609 Teile des festen Sechsersalzes. Auch Asche und andere Rückstände sollen bei diesem Prozeß der Masse mit beigemischt werden. Von sachverständiger Seite ist mir erklärt worden, auch gegen das eben beschriebene Verfahren seien mancherlei Bedenken anzuführen. Z. B. würde es nicht möglich sein, das unter Vakuum herzustellende Vierersalz aus dem Apparat herauszuschlagen, ohne diesen zu zerstören. Auch stünde zur Frage, ob es gelingen würde, die bei der Eindampfung entstehenden Salzsäuredämpfe in unschädlicher Weise zu beseitigen. Dagegen ist anzuführen, daß M e h n e r[1]) die Endlaugenmasse nicht erst zur Erstarrung bringen, sondern in flüssiger Form in den Grubenbau abzuleiten gedenkt. Die Salzsäurebildung glaubt er verhindern zu können. Herr Geh. Bergrat G. F r a n k e empfiehlt dringend, Versuche in größerem Maßstabe mit diesem neuen Mehnerschen Verfahren anzustellen und hält es für durchaus aussichtsvoll.

S c h l i e p h a c k e und R i e m a n n[2]) wollen das Chlormagnesium der Endlaugen mit den Schmelzrückständen aus kieselsäurehaltigem Material und Carnallit in Magnesiumsilikat verwandeln. Dabei geht Chlorkalium und Kochsalz in Lösung, deren Ableitung in die Flüsse als unbedenklich angesehen wird. Das Verfahren gilt als zu kostspielig.

A. F o r c k e will das Chlormagnesium eines Teils der Endlaugen zerstören, dadurch, daß er Löserückstände der Chlorkaliumfabrikation mit Endlaugen befeuchtet und bis zur Zersetzung des Chlormagnesiums erhitzt. Es entstehen Magnesiumoxyd und Salzsäure. Die Salzsäure soll gewonnen und der magnesiahaltige Rückstand mit dem Rest der Endlaugen vermischt werden. Dabei soll sich eine druckfeste Masse ergeben, die als Bergeversatz verwendbar wäre. Das Verfahren gilt ebenfalls als zu teuer.

H. K a y s e r hält es für feststehend, daß Chlorkaliumfabriken in der Herstellung von Kochsalz sehr wohl mit den Salinen konkurrieren könnten. Er rät ihnen, mit dem von ihm konstruierten, nach dem Prinzip der Honigmannschen feuerlosen Lokomotiven arbeitenden Apparate aus dem in jedem Kalibergwerk vorkommenden Steinsalz Siedesalz herzustellen. Der Abdampf, der sich dabei ergibt, soll dazu benutzt werden, die Endlaugen in Vakuumapparaten zu verfestigen. Von sachverständiger Seite ist mir mitgeteilt worden, daß dieses Verfahren ökonomisch nicht durchführbar sei[3]).

Gelegentlich eines Termines wurde mitgeteilt, die M a n s f e l d s c h e K u p f e r s c h i e f e r b a u e n d e G e w e r k s c h a f t hätte ein Verfahren zur Verfestigung der Endlaugen ausprobiert, das sich als ein vollkommener Erfolg erwiesen hätte. Die Gewerkschaft hätte schon die Erlaubnis zur Errichtung einer Kalifabrik ohne Abwasserkonzession nachgesucht. Der Prozeß bestehe darin, daß die Endlaugen in einem neuartigen Ofen zerstäubt würden. Sie fielen als feste, körnige, leicht handliche Salzmasse nieder. Die Anlagekosten für die Verfestigung der Endlaugen von täglich 5000 dz Carnallit kämen auf etwa 60 000 M. zu stehen. Die Verdampfung von 1 cbm Endlaugen soll durch weniger als 1½ hl Braunkohle erfolgen. Diese ist zurzeit für manche Werke zum Preise von 25 Pf. pro hl erhältlich. Die Verfestigung von 1 cbm Endlauge soll in günstigen Fällen nicht mehr als 81 Pf. kosten, einschließlich Amortisation und Verzinsung der Apparate. Es bestehe die Absicht, die verfestigten Endlaugen im Grubenbau als Bergeversatz zu verwenden. Bei der Berechnung der Kosten sei weder darauf Rücksicht genommen, daß die Bergemühlen gespart würden, noch auf die Möglichkeit, die Pfeiler in den Bergwerken mit abzubauen. Herr Geh. Bergrat F r a n k e berechnet die Kosten des Bergeversatzes mit Bergemühlsalzen auf 1,50 M. pro cbm und den Verlust der Förderung infolge des zurzeit notwendigen Stehenlassens von Salzpfeilern für manche Bergwerke auf 25—50%, für andere Werke sogar auf 60—70% der Gesamtförderung.

Auch gegen das Mansfeldsche Verfahren — dessen Existenz übrigens nur in engsten Kreisen bekannt ist und dessen Prinzip vorläufig aus verschiedenen Gründen noch geheim gehalten wird — werden von seiten der Kaliinteressenten mancherlei Bedenken erhoben. Z. B. wird auf die Erfahrungen hingewiesen, die die Gewerkschaft Hedwigsburg — vor Jahren, als das Mansfeldsche Verfahren noch nicht existierte — mit dem Eindampfen von Endlaugen gemacht hat. Dort sollen die Apparate alle

[1]) H. M e h n e r, Die Entwässerung und Verfestigung der Kali-Endlauge. Kali, Zeitschrift usw. 1912, S. 49.
[2]) R e i m e r l. c. S. 391.
[3]) Vergl. auch: C. L. R e i m e r, Über das Kaysersche Verfahren zur Herstellung von Siedesalz in seiner Beziehung zur Endlaugenfrage. Kali, Zeitschr. usw., 1912, S. 25. — L. K a u f m a n n, Das Kaysersche Verfahren zur Beseitigung von Kaliendlaugen in Anwendung des Honigmannschen Prinzips. Dieselbe Zeitschr., 1912, S. 55.

Augenblick betriebsunfähig und die Kosten unerschwinglich gewesen sein. Namentlich werden auch erhebliche Bedenken geltend gemacht gegen das Einbringen der verfestigten Endlaugen in den Gruben= bau. In neuen Werken soll es an dem dafür nötigen Raum mangeln. Außerdem wird im Hinblick auf die hygroskopischen Eigenschaften des Chlormagnesiums mit ihrer nachträglichen Verflüssigung ge= rechnet, unter Hinweis darauf, daß eine Zunahme des Wassergehaltes der verfestigten Endlaugen um 28% genüge, um sie wieder zu verflüssigen. Nach Mehner fällt die Verflüssigungsgefahr fort, wenn geeignete Zusätze zu den eingedampften Endlaugen gemacht werden.

Da ich von durchaus kompetenter Seite auf diese Bedenken aufmerksam gemacht worden war, habe ich Anlaß genommen, mich auch über diese Punkte an anderer Stelle näher zu informieren, namentlich aber auch über einen sehr schwerwiegenden Einwand, der gegen das Mansfeldsche Ver= fahren erhoben worden war. Es wurde nämlich erklärt, die Verfestigung der Endlaugen müsse heute noch als technisch unausführbar gelten. Alle dem entgegenstehenden Behauptungen stützten sich nicht etwa auf Versuche, die in praktischem Maßstabe durchgeführt wurden, sondern auf nur kleine, sehr kurze Zeit durchgeführte Experimente. Demgegenüber bin ich jedoch von der Verwaltung der Mansfeldschen Gewerkschaft dahin informiert worden, daß die Versuche in einem genügend großen Maßstabe und lange genug ausgeführt worden seien, um ein Urteil über den praktischen Erfolg zu gewährleisten.

Auch Herr Geh. Regierungs= und Gewerberat Scultetus, der die erwähnte Mansfeldsche Versuchsanlage amtlich zu prüfen hatte, hat mich zu einer Erklärung in obigem Sinne ermächtigt und hinzugefügt, daß der Mansfeldschen Gewerkschaft die Konzession einer Kalifabrik unter Benutzung dieses neuen Verfahrens schon erteilt worden sei. Er macht jedoch darauf aufmerksam, daß erfahrungs= gemäß die Frage wegen der Kosten des neuen Eindampfungsverfahrens erst auf Grund der im Großbetriebe gemachten Erfahrungen genau beantwortet werden könnte. In bezug auf die Ver= flüssigungsgefahr des so gewonnenen Bergeversatzes steht auch Scultetus auf dem Standpunkt, daß man sich durch geeignete Zusätze von Asche usw. dagegen sichern könnte.

Es wurde auch darauf hingewiesen, daß der Carnallit trotz seiner hygroskopischen Eigenschaften als Stützpfeiler im Bergbau zugelassen würde, und daß auch, wenn nötig, ein ausreichender Luftab= schluß der verfestigten Endlaugen durchführbar sei. Schließlich würden sich auch Mittel und Wege unschwer finden lassen, um den Raum für die unterirdische Unterbringung der verfestigten Endlaugen zu gewinnen.

Ableitung oder Abfuhr ins Meer.

Wiederholt ist die Frage erörtert worden, ob man nicht den mit der Endlaugenbeseitigung zusammenhängenden Schwierigkeiten dadurch am einfachsten entgehen könnte, daß man diese durch Kanal= oder Druckleitungen direkt bis ins Meer abführte. Für die im Wesergebiet produzierten Endlaugen hat Tjaden die Baukosten eines solchen Vorgehens auf 100 bis 120 Mill. M. geschätzt. Die Baukosten einer solchen Anlage, die genügen würde, die Endlaugen des Weser= und Elbgebietes gemeinsam abzuführen, sind nach Mitteilung des zuständigen preußischen Ministers früher einmal auf 100—125 Mill. M. geschätzt worden. Zurzeit glaubt man, daß selbst 200 Mill. M. kaum genügen würden, eine ausreichende Ableitungsanlage zu bauen. Da die Verzinsung und Amortisation in diesem Falle kaum mit weniger als 6% im Jahr wird eingesetzt werden dürfen, so würde diese allein jährlich einen Aufwand von etwa 12 Mill. M. bedingen. Bei Annahme einer jährlichen Endlaugenmenge von 2 Mill. cbm würde die Beseitigung der Endlaugen sich schon aus diesem Posten auf 6 M. pro cbm stellen. Durch Pumpen und Betriebskosten würde der Betrag noch weiter erhöht werden. Auf Grund solcher Feststellungen hält man die direkte Ableitung der Kalienlaugen in das Meer zurzeit für unausführbar. Der Verein für die gemeinschaftlichen Interessen des hannoverschen Kalibergbaus hat aber ein Projekt zur Ableitung der Endlaugen aus dem Gebiete der Leine und Aller in die Unterelbe ausarbeiten lassen. 43 Kaliwerke kommen dafür in Frage. Als Einleitungsstelle hat man zunächst einen etwa 20 km unterhalb Hamburgs gelegenen Punkt in Aussicht genommen. Die Kosten der Rohrleitung werden auf 16—18 Mill. M. geschätzt, und die Herstellung einer Doppelleitung, die man aus Sicherheitsgründen für nötig hält, auf etwa 30 Mill. M. Als abzuleitende Endlaugen= menge sind 248,8 l/Sek. angenommen. Das würden mehr als 20 000 cbm am Tage sein.

Sachverständige Firmen haben auf meine Anregung eine Berechnung darüber angestellt, welche Kosten daraus erwachsen würden, wenn man die Endlaugen mit Kähnen ins Meer oder, soweit die Elbe in Frage kommt, bis nach Brunsbüttel abfährt, wo das Elbwasser schon den Charakter des Meerwassers trägt. Auf diese Idee war ich gekommen im Hinblick darauf, daß zurzeit etwa 20 Tankkähne Petroleum bis nach der Saalemündung und weiter hinauf bringen und talwärts leer fahren. Nach den ausgeführten Schätzungen würde unter Benutzung dieser Petroleumkähne die Abfuhr der Endlaugen bis nach Brunsbüttel pro cbm 1 M kosten. Es würde aber eine etwa dreifach so große Zahl von Tankkähnen erforderlich sein, als jetzt vorhanden sind. Auch würden die Kosten der Zubringung zu den Sammelstellen hinzukommen. Hiernach scheint mir auch dieses Vorgehen nicht das billigste zu sein.

Zusammenfassung der Vorschläge zur Beseitigung der Endlaugen.

Herr Professor H. P r e c h t ist der Meinung, daß die Endlaugenverfestigung unter Berücksichtigung aller bislang vorgeschlagenen Methoden sich unter 2 M. pro cbm nicht bewerkstelligen ließe. Das oben beschriebene Mansfeldsche Verfahren ist hierbei allerdings nicht mit berücksichtigt. Bei Zugrundelegung der von P r e c h t angegebenen Zahl würde die Endlaugenverfestigung zurzeit einen jährlichen Aufwand von mindestens 4 Mill. M. erfordern. Sollte die Auffassung berechtigt sein, zu der man bei den Mansfeldschen Versuchen gekommen ist, so würde die Endlaugenverfestigung zurzeit jährlich kaum einen Aufwand von 2 Mill. M. bedingen. Für manche Werke würden außerdem noch Kosten für die Ableitung der Endlaugen in die Flußläufe fortfallen. Ich weise hier nur auf die insgesamt 87 km langen Rohrleitungen hin, die für den Burbach-Konzern hergestellt werden mußten, und auf die oben erwähnten, für die hannoverschen Werke in Aussicht genommenen Projekte. Auch kommen, wie oben dargelegt wurde, für manche Werke sehr nennenswerte Ersparnisse an Bergeversatzkosten hinzu, wenn man imstande ist, die verfestigten Endlaugen in den Grubenbau zu bringen.

Die Schädigungen, welche die Unterlieger durch die Ableitung der Endlaugen in die Flüsse erfahren, dürften schon heute einen größeren Geldwert repräsentieren als die Unkosten der Endlaugenverfestigung und Unterbringung nach dem Mansfeldschen Verfahren. Faßt man nur den Mehrverbrauch an Seife ins Auge, der sich für die Bevölkerung der drei Großstädte Bremen, Magdeburg und Hamburg infolge der Endlaugenableitung ergibt, so bedeutet dieser eine Posten schon einen erheblichen Teil der oben angeführten Summe. Der Mehrverbrauch an Seife stellt aber nur einen, und zwar bei weitem nicht den wesentlichsten Teil der in Frage kommenden Schädigungen dar, wie sich aus nachstehenden Erörterungen ergibt.

Schädliche Wirkungen der Endlaugen.

Trinkwasser.

Ein gutes Trinkwasser ist von reinem, erfrischendem Geschmack. Die Geschmacksorgane vieler Personen sind bekanntlich sehr wenig ausgebildet. Der eine kann in einem Wasser Geschmacksnuancen feststellen, die einem zweiten vollständig entgehen. Ein Wasser, das manche Personen als reinschmeckend bezeichnen, kann bei anderen wegen seines Geschmacks appetitverringernd, ja sogar ekelerregend wirken. Nach einem heute allgemein gültigen Grundsatz soll der Geschmack eines guten Trinkwassers derartig sein, daß es auch für Personen mit gut entwickelten Geschmacksorganen appetitlich ist. Auf diesen Standpunkt hat sich auch der Reichsgesundheitsrat in seinem Gutachten über die Schunter, Oker und Aller gestellt. Es heißt dort[1]: „Es wäre nicht richtig, ein Trinkwasser erst dann zu verurteilen, wenn alle Konsumenten dessen Geschmack als fremdartig bezeichnen. Wenn dies von einzelnen Personen geschieht, so hat es eben schon seinen Ruf als gutes Trinkwasser eingebüßt."

Charakteristisch für die Endlaugen ist ihr hoher Gehalt an Chlormagnesium (durchschnittlich 390 g $MgCl_2$ im Liter). Unter Berücksichtigung des spezifischen Gewichtes von 1,32 stellt die

---

[1] l. c. S. 340.

Kalienblauge eine etwa 30 proz. Chlormagnesiumlösung dar. Die übrigen Salzbeimengungen, die sie aufweist, dürfen bei den folgenden Betrachtungen zunächst außer acht gelassen werden.

Das Chlormagnesium hat, wie weiter oben schon erwähnt, einen unangenehm salzigen, laugenhaften Geschmack und bedingt einen adstringierenden, bitteren Nachgeschmack. Viele Autoren haben Versuche darüber ausgeführt, in welcher stärksten Verdünnung dieser Geschmack des Chlormagnesiums noch zum Ausdruck kommt. Die Ergebnisse sind, wie zu erwarten, recht verschieden ausgefallen. Aus der nachstehenden Tabelle geht hervor, daß einzelne Autoren schon beim Genießen einer Lösung, die 28 bis 87 mg im Liter enthält, den charakteristischen Nachgeschmack empfinden. Bei den übrigen Autoren lag die Geschmacksgrenze höher, und zwar teilweise sogar viel höher.

Literaturangaben über die Geschmacksgrenzen des Chlormagnesiums ($MgCl_2$).
(Die eingeklammerten Zahlen sind aus der benutzten Endlaugenmenge berechnet.)

Autor	mg $MgCl_2$ im Liter	Art des Wassers	Ergebnisse
M. Rubner[1]	28	destilliertes Wasser	nur Nachgeschmack
C. Fraenken[2]	(39—97,5)	destilliertes Wasser	sofort geschmeckt
F. H. Vogel[3]	(70—87)	Berliner Leitungswasser	nicht mehr bestimmt am Geschmack, wohl aber am Nachgeschmack erkennbar
F. Fischer[4]	90	destilliertes Wasser	sofort geschmeckt und Nachgeschmack
C. Fraenken[5]	(97,5)	Hallesches Leitungswasser	sofort geschmeckt
O. Pfeiffer[6]	108,5	a) destilliertes Wasser b) mit 750 mg NaCl c) mit 750 mg NaCl + 125 mg $CaCl_2$	bitter, adstringierend; unverkennbar auch neben den anderen Salzen
M. Rubner[7]	110	destilliertes Wasser	unmittelbar fast nicht wahrnehmbar, aber Nachgeschmack
Heyer[8]	100*)	Leopoldshaller Leitungswasser ohne Zusatz	kein auffallender Geschmack
H. Tjaden[9]	(168)	Bremer Leitungswasser	leichter Nebengeschmack mit deutlichem Nachgeschmack
G. Gaffky[10]	200	destilliertes Wasser	Grenze für die Geschmacksempfindung
G. Gaffky[10]	250	Gießener Leitungswasser	Grenze für die Geschmacksempfindung
F. Fischer[4]	280	Göttinger Leitungswasser	sofort geschmeckt, sehr schwach
Obersanitätskollegium Braunschweig[11]	300	Braunschweiger Leitungswasser	nicht geschmeckt
K. Kraut[12]	465	Hannoversches Leitungswasser	Grenze für die Geschmacksempfindung
de Chaumont[1]	710—790	—	Grenze für die Geschmacksempfindung
H. Landolt[13]	1500—1600	—	Grenze für die Geschmacksempfindung
Hoeber u. Kiesow[14]	1662	—	Grenze für den salzigen Geschmack

[1] Vierteljahrsschrift f. gerichtl. Medizin 1902, l. c. S. 82.
[2] Gutachten über Schunter, Oker und Aller, l. c. S. 339.
[3] Gutachten betr. Gewerkschaft Einigkeit, l. c. S. 26.
[4] Fischer, Das Wasser, 3. Aufl. 1902, S. 26.
[5] Wie zu [2] S. 337.
[6] Pfeiffer, Schriftsatz vom 22. 4. 1897 zum Prozeß der Stadt Magdeburg gegen d. Mansfeldsche Gewerkschaft.
[7] Wie zu [1] S. 84.
[8] Zeitschr. f. angew. Chemie 1911, l. c. S. 145 ff.
[9] Tjaden, l. c. S. 47 u. 60.
[10] Wie zu [2] S. 336 u. 337.
[11] Ebenda, S. 336.
[12] Kraut, l. c. S. 35 u. 36.
[13] Ebenda, S. 31 u. 32.
[14] Wie zu [2] S. 335.
*) $MgCl_2$ nach Prechts Alkoholmethode festgestellt.

Besondere Bedeutung dürfte an dieser Stelle dem Urteil derjenigen Sachverständigen beizumessen sein, die, wie Herr Professor F. H. Vogel, die Interessen der Kali-Industrie vertreten haben. Vogel hat sich am 4. November 1902 in einem Gutachten dahin ausgesprochen, daß Endlaugen in einer Verdünnung 1 : 2000 durch den Geschmack noch deutlich wahrnehmbar seien. In einer Verdünnung 1 : 4000 bis 1 : 5000 konnte er die Endlaugen zwar nicht mehr bestimmt am Geschmack, wohl aber noch am Nachgeschmack erkennen. Auf Grund seiner Versuche kam Vogel zu der Überzeugung, „daß ein Wasser, welches zu Trinkzwecken benutzt werden soll, Endlauge in unverändertem Zustande in nicht stärkerer Konzentration als 1 : 4000 bis 1 : 5000 (entsprechend 87 bzw. 70 mg $MgCl_2$ in 1 l) enthalten darf"[1].

Die Kgl. Preußische Wissenschaftliche Deputation für das Medizinalwesen hat sich in ihrem Gutachten vom 29. November 1899 wie folgt ausgesprochen[2]: „Wer empfindliche Sinne besitzt, wird — freilich nicht während der Schluckakte selbst, aber noch durch den Nachgeschmack — nahezu die 10 000. Verdünnung der Endlaugen von einem normalen Wasser unterscheiden können." Eine 10 000-fache Verdünnung der Endlaugen entspricht einem Chlormagnesiumgehalt von rd. 40 mg im Liter.

Der Reichsgesundheitsrat hat sich in seinem schon zitierten Gutachten über die Schunter, Oker und Aller[3] auf den Standpunkt von Rubner und Ferdinand Fischer gestellt, daß durch einen Zusatz von Endlaugen, der einem Chlormagnesiumgehalt von 90—110 mg im Liter entspricht, eine nachweisbare Geschmacksveränderung des Wassers bewirkt wird, und daß ein solches Wasser deshalb als Trinkwasser nicht mehr geeignet ist. Darauf bezüglich heißt es[4]: „Dabei ist zu betonen, daß die Veränderungen des Geschmackes des Trinkwassers auch bei dem geringsten Grade, auch wenn sie nur als Nachgeschmack wahrnehmbar sind, hygienisch zu beurteilen sind."

Angesichts derartig autoritativer Erklärungen erübrigt es sich, noch weitere Gutachten zu zitieren, welche denselben Standpunkt vertreten. Auch könnte es im Hinblick auf eine so entschiedene Stellungnahme der genannten Behörden unnötig erscheinen, auf eigene Versuche hier noch näher einzugehen. Mit Rücksicht aber auf die in der vorstehenden Tabelle nachgewiesene, sehr verschiedenartige Beurteilung, welche die hier zur Erörterung stehenden Fragen von anderen Gutachtern erfahren haben, halte ich es für nützlich, auch meine eigenen Feststellungen anzuführen.

Vorweg möchte ich darauf hinweisen, daß die Versuche der einzelnen Autoren nicht in ganz übereinstimmender Weise durchgeführt worden sind, sondern, soweit darüber Angaben überhaupt gemacht sind, verschiedenartige Abweichungen zeigen. Nach Rubner[5] sollten nur geübte Schmecker zu solchen Versuchen herangezogen werden. Diese sollten die Wasserprobe erst schlucken, nachdem sie sie im Munde herumbewegt haben. Die Geschmacksproben sollten nur vor der Mahlzeit oder 5—6 Stunden nach einer solchen vorgenommen werden. Das Chlormagnesium sollte für die Versuche nur in destilliertem Wasser oder in salzarmem Wasser gelöst werden. Auch sollten nie weniger als 50—60 ccm der Wasserprobe getrunken werden. Am stärksten treten die Geschmacksnuancen nach Rubner hervor, wenn die Temperatur der Probe 20—25° C beträgt. Gelegentlich sollte mit den Proben auch das Trinkbedürfnis befriedigt werden.

Bei solcher Versuchsanordnung konnte Rubner das Chlormagnesium in einer Verdünnung von 110 mg $MgCl_2$ im Liter durch den Geschmack unmittelbar fast nicht wahrnehmen. Den Nachgeschmack empfand er aber sogar in einer Lösung von 28 mg $MgCl_2$ im Liter. Die Grenze für den unmittelbar wahrnehmbaren Geschmack lag für Rubner bei 110 mg $MgCl_2$ im Liter. Rubner hat das Chlormagnesium in destilliertem Wasser gelöst. In Wässern, die andere Salze, z. B. Gips, enthalten, kann der Chlormagnesiumgehalt unter Umständen verdeckt werden. So konnte z. B. F. Fischer bei einer Lösung von 90 mg $MgCl_2$ in destilliertem Wasser sofort einen salzigen Geschmack mit bitterem Nachgeschmack konstatieren. In stark gipshaltigem Wasser (45° Gesamthärte) lag die unterste, unzweifelhafte Geschmacksgrenze für ihn bei 280 mg $MgCl_2$ im Liter.

Eigene Versuche.

Meine eigenen Untersuchungen habe ich zum Teil unter Berücksichtigung der Rubnerschen Forderungen durchgeführt, zum Teil aber aus noch darzulegenden Gründen auch abweichend davon. Im ganzen haben sich an meinen Geschmacksversuchen 119 Personen beteiligt. Aus

---

[1] Vogel, Gutachten betr. Gewerkschaft „Einigkeit", l. c. S. 26.
[2] l. c. S. 7. — [3] l. c. S. 337. — [4] Ebenda.
[5] Vierteljahrsschrift f. ger. Med., 1902, l. c. S. 77.

dieser Zahl wurden 17 Personen als gute Schmecker zu besonderen Versuchen ausgewählt. Ich habe aus dem Grunde eine möglichst große Zahl von Versuchspersonen hinzugezogen, weil ich mir ein Urteil darüber zu bilden wünschte, ob die soziale Stellung, insbesondere der Bildungsgrad, an dem Geschmacksvermögen, d. h. an der Feinheit des Geschmackes, zum Ausdruck kommen würde. Besonderen Wert habe ich darauf gelegt, daß bei allen Versuchen vergleichende Prüfungen mit demselben Wasser ohne Chlormagnesiumzusatz durchgeführt wurden. Wiederholt zeigte sich, daß die Geschmacksnuancen deutlicher zum Ausdruck kamen, wenn erst eine reine Wasserprobe und bald darauf eine Wasserprobe getrunken wurde, die einen Zusatz von Chlormagnesium erhalten hatte.

Diejenigen Ergebnisse, welche hier von Interesse sind, habe ich in den nachstehenden Tabellen zusammengestellt. Die sehr zahlreichen Voruntersuchungen — es handelt sich im ganzen um 1724 Einzelprüfungen —, auf Grund deren die nachher verwendete Versuchsanordnung gewählt wurde, lasse ich außer Betracht.

Versuch 1.

17 Personen, die sich bei den Vorversuchen als gute Schmecker erwiesen hatten, wurden zunächst mit dem Geschmack des verwendeten Wassers sowohl, wie auch der Chlormagnesiumlösung bekannt gemacht. Im Laufe unserer Versuche haben wir gelernt, gerade auf diese Maßnahmen besonderen Wert zu legen. Zur Verwendung kam ein sehr reines Grundwasser mit rd. 50 mg Chlor im Liter und 7,8 mg Gesamtmagnesium. Die permanente Magnesiahärte war so gering, daß sie innerhalb der Fehlergrenze von 0,5° lag. Jede der Versuchspersonen erhielt 4 Proben, von denen nur eine einen Zusatz von 100 mg Chlormagnesium pro Liter erhalten hatte. Die Fragestellung lautete: Welche der 4 Proben schmeckt nach Chlormagnesium? Die Proben waren natürlich so bezeichnet, daß sie den Versuchspersonen keinerlei Anhaltspunkte boten, welche Probe Chlormagnesium enthielt. Das Ergebnis findet sich in der nachstehenden Tabelle.

+ heißt, an der Probe mit Chlormagnesiumzusatz wurde ein veränderter Geschmack gefunden; — bedeutet Fehlergebnisse.

100 mg Chlormagnesium in reinem Grundwasser.

Beruf der Versuchspersonen	Zahl der Versuchspersonen	+	—
Nahrungsmittelchemiker	7	6	1
Chemiker	2		2
Ärzte	1	1	
Bureauangestellte	1	1	
Damen	4	4	
Diener	2		2
	17	12	5

Danach haben 12 Personen die Probe mit Chlormagnesium richtig herausgefunden, 5 Personen nicht. Von den 6 Nahrungsmittelchemikern konnte nur einer, von den beiden Chemikern zwei und von den zwei Dienern beide den Zusatz von 100 mg Chlormagnesium im Liter nicht schmecken. 100 mg Chlormagnesium konnten also von 70% der Versuchspersonen geschmeckt werden.

Versuch 2.

12 gute Schmecker erhielten 4 Proben Wasser, wovon Nr. 1 das vorhin beschriebene reine Grundwasser war, Nr. 2 hatte 50, Nr. 3 75 und Nr. 4 100 mg Chlormagnesium im Liter als Zusatz erhalten. Fragestellung: Welche Probe ist reines Grundwasser, welche schmeckt am stärksten und welche am schwächsten nach Chlormagnesium? Das Grundwasser wurde von 6 Personen richtig herausgefunden, von diesen konnten drei die verschiedenen Zusatzmengen an Chlormagnesium richtig angeben.

Verſuch 3.

11 gute Schmecker erhielten je 4 Proben Elbwaſſer, das oberhalb der Saalemündung entnommen, daher frei war von Chlormagneſium und nur 15 mg Chlor im Liter aufwies bei
einer Geſamthärte von 5°. Drei von den Proben hatten keinen Zuſatz erhalten, eine aber
100 mg Chlormagneſium im Liter. Frageſtellung: Welche dieſer Proben ſchmeckt nach Chlormagneſium? Das Ergebnis findet ſich in der nachſtehenden Tabelle:

100 mg Chlormagneſium in Elbwaſſer.

Beruf der Verſuchsperſonen	Zahl der Verſuchs-perſonen	+	—
Nahrungsmittelchemiker	5	2	3
Ärzte	1	1	
Bureauangeſtellte	1	1	
Damen	4	2	2
	11	6	5

Danach haben 6 Perſonen die 100 mg Chlormagneſium im Liter auch im Elbwaſſer am
Geſchmack ſofort richtig erkannt, 5 Perſonen nicht. Die Differenzierung ſcheint alſo etwas
ſchwieriger zu ſein als in reinem Grundwaſſer, doch muß betont werden, daß ein und dieſelbe
Verſuchsperſon nicht allein an ein und demſelben Tage, ſondern auch zu verſchiedenen Tages-
zeiten für ſolche Verſuche ungleich diſponiert zu ſein pflegt.

Verſuch 4.

6 gute Schmecker erhalten je 4 Proben Elbwaſſer von derſelben Beſchaffenheit wie bei
Verſuch 3. Die erſte Probe hat keinen Zuſatz erhalten, die zweite hat 50, die dritte 75 und
die vierte 100 mg Chlormagneſium im Liter erhalten. Frageſtellung: Welche Probe iſt reines Elbwaſſer, welche Probe ſchmeckt am ſtärkſten und welche am ſchwächſten nach Chlormagneſium?

4 Verſuchsperſonen fanden das reine Elbwaſſer richtig heraus. 2 hiervon bezeichneten die
Probe mit 100 mg Chlormagneſium als die am ſtärkſten ſchmeckende. Noch ſchwieriger war es,
die am ſchwächſten ſchmeckende Probe zu beſtimmen.

Von den zahlreichen Verſuchen, zu denen verſchiedene Perſonen ohne Auswahl der guten
Schmecker herangezogen wurden, ſollen nur folgende hier erwähnt werden:

Verſuch 5.

34 Verſuchsperſonen (12 Chemiker und Ärzte, 6 Bureauangeſtellte, 6 Damen, 7 Diener und
3 Scheuerfrauen) erhielten zunächſt eine Probe des unter Verſuch 1 beſchriebenen reinen Grundwaſſers. Darauf erhielten ſie zur Irreführung eine zweite Probe reinen Grundwaſſers und dann
erſt eine Probe reinen Grundwaſſers mit 75 mg Chlormagneſium im Liter.

Die Frage, welche Probe nach Chlormagneſium ſchmecke, wurde richtig beantwortet von
14 Perſonen = 41%. Als ich nunmehr zunächſt eine Probe reinen Grundwaſſers ſchmecken
ließ und ſofort hinterher die Probe mit Chlormagneſiumzuſatz, ohne natürlich dieſe Tatſache der
Verſuchsperſon mitzuteilen, merkten 23 Perſonen den Unterſchied. Hiernach konnten 68% der
Verſuchsperſonen den Zuſatz von 75 mg Chlormagneſium im Liter zu dem Grundwaſſer
ſchmecken. Es zeigte ſich bei dieſem Verſuch, wie auch ſpäter, kein merklicher Einfluß des
Bildungsgrades. Die zuverläſſigſten Schmecker fanden wir z. B. unter unſeren Scheuerfrauen.

Die Geſchmacksnuancen wurden folgendermaßen bezeichnet: bitter, ſalzig, ſalzig-bitter,
deutlich nach Chlormagneſium, hart, ſchlechter als Grundwaſſer.

Verſuch 6.

52 Verſuchsperſonen (10 Chemiker und Ärzte, 14 Bureauangeſtellte, 14 Damen, 9 Diener
und 5 Scheuerfrauen) erhielten wie in Verſuch 5 drei Proben des beſchriebenen reinen Grundwaſſers, wovon die dritte Probe einen Zuſatz von 100 mg Chlormagneſium im Liter erhalten hatte.

Hier wie bei allen übrigen Versuchen hatten die Schmecker keinerlei Anhaltspunkte dafür, welche der Proben den Zusatz enthielt. 39 Personen = 75% schmeckten den Chlormagnesiumzusatz richtig heraus und bezeichneten den Geschmack als: laugenhaft, salzig, bitter, unangenehm usw.

Versuch 7.

21 Versuchspersonen (4 Chemiker und Ärzte, 4 Bureauangestellte, 7 Damen, 3 Diener und 3 Scheuerfrauen) erhielten wiederum 3 Proben des beschriebenen Grundwassers, wovon die dritte Probe 200 mg Chlormagnesium im Liter enthielt.

18 Personen = 86% bemerkten den Chlormagnesiumzusatz sofort und 2 durch den Nachgeschmack. Nur eine Versuchsperson bemerkte den Zusatz nicht. Der Geschmack wurde wiederum als: bitter, laugenhaft, salzig, unangenehm usw. bezeichnet. Den Nachgeschmack dieser Probe empfanden 15 Personen noch nach etwa 5 Minuten und 9 Personen noch nach etwa ½ Stunde.

Diese Ergebnisse gewinnen an Bedeutung angesichts der Tatsache, daß, wie erwähnt, bei Auswahl der Versuchspersonen in keiner Weise auf die Ausbildung der Geschmacksorgane Rücksicht genommen wurde.

Versuch 8.

14 Versuchspersonen erhielten zunächst das reine Grundwasser allein, darauf mit einem Zusatz von 400 mg Chlormagnesium im Liter. 6 Versuchspersonen schmeckten den Zusatz sofort heraus, eine Person empfand ihn nur durch den Nachgeschmack, erbrach sich aber. Darauf erhielten von 21 anderen Versuchspersonen die 1., 3., 5. usw. das Grundwasser mit 400 mg Chlormagnesium im Liter, die 2., 4., 6. usw. dasselbe Grundwasser ohne Zusatz. Diese Versuchsanordnung war zur Irreführung gewählt. Von den 11 Personen, welche die Probe mit Chlormagnesium erhalten hatten, schmeckten 5 dieses sofort, 6 durch den Nachgeschmack. Der Versuch fiel also zu 100% positiv aus.

Versuch 9.

Schließlich möge noch ein Schmeckversuch Erwähnung finden, bei dem das Elbwasser bei Hamburg entnommen und durch Zusatz von Endlauge auf 30° Gesamthärte gebracht war. Die Probe besaß eine permanente Magnesiahärte, entsprechend 327 mg Chlormagnesium im Liter. Hinzugezogen wurden 21 Versuchspersonen ohne Rücksicht auf die Feinheit ihrer Geschmacksorgane. Zwei hiervon bemerkten in dem Elbwasser ohne künstlichen Endlaugenzusatz, das etwa 40 mg Chlormagnesium im Liter enthielt, einen unangenehmen Geschmack. An dem durch Endlauge auf 30° verhärteten Wasser bemerkten 10 Versuchspersonen = 48% sofort eine Geschmacksveränderung, die als: fade, bitter, kratzend, zusammenziehend usw. bezeichnet wurde. 11 Personen verspürten einen unangenehmen Nachgeschmack. Darunter waren 5, die den veränderten Geschmack nicht sofort bemerkt hatten. Im ganzen haben also 15 von 21 Personen eine Veränderung wahrgenommen, d. h. 71% der gesamten Versuchspersonen.

Bemerken will ich noch, daß es sich bei unseren Trinkversuchen, wo die Versuchspersonen größere Mengen entweder reinen oder mit Chlormagnesium versetzten Wassers tranken, herausstellte, daß manche Personen, die nicht gewohnt sind, Wasser zu trinken, selbst auf den Genuß von reinem Wasser mit Unpäßlichkeiten reagierten.

Zusammenfassung der Ergebnisse.

Fasse ich das Gesamtergebnis meiner eigenen Versuche zusammen, so ergibt sich als eine sichere Tatsache, daß ein nicht geringer Prozentsatz unserer Versuchspersonen einen Zusatz von 50 mg Chlormagnesium zu einem Liter reinen Grundwassers oder Flußwassers nicht allein herausschmeckte, sondern auch unangenehm empfand, daß 75 mg von einem noch größeren Prozentsatz bemerkt wurden, selbst wenn bei Auswahl der Versuchspersonen auf die Ausbildung ihrer Geschmacksorgane keine Rücksicht genommen war. Bei einem Zusatz von 100 mg Chlormagnesium im Liter kann man darauf rechnen, daß der größere Teil der Bevölkerung die dadurch bewirkte Veränderung des Wassers unangenehm empfinden wird. Wenn ich mich auf den vorhin präzisierten, vom Reichsgesundheitsrat vertretenen Standpunkt stelle, muß ich erklären, daß nach meinen Versuchen ein Zusatz von 50 mg Chlormagnesium im Liter schon geeignet ist, ein an und für sich reines Fluß- und Grundwasser so zu verändern, daß es als gutes Trinkwasser nicht mehr bezeichnet werden kann.

Die Königlich Preußische Wissenschaftliche Deputation für das Medizinalwesen erwähnt[1]), daß von einem Wasser mit etwa 226 mg MgO pro Liter eine purgierende Wirkung angenommen wird. 226 mg MgO im Liter entsprechen 536,75 mg Chlormagnesium im Liter. Bei der Verhärtung eines normalen Flußwassers durch Endlaugen auf 30° würde sich also dieses Flußwasser der Grenze nähern, wo es als Purgiermittel bezeichnet werden könnte. Gelegentlich meiner Versuche stellte sich bei einzelnen Versuchspersonen schon nach Genuß geringer Mengen eines Wassers, das nur 100 mg Chlormagnesium enthielt, ausgesprochener Harndrang ein, andere Versuchspersonen hatten heftiges Aufstoßen.

Häusliches Brauchwasser.

Wird das für Haushaltungszwecke bestimmte Wasser durch Magnesiumsalze verhärtet, so macht sich das in erster Linie geltend an den Getränken und Speisen, die mit solchem Wasser zubereitet worden sind, daneben besonders beim Waschen und Baden, d. h. also bei der Körperreinigung, bei der Wäsche und allen Scheuer- und Reinigungsarbeiten.

Getränke.

Es ist allgemein bekannt, daß Tee und Kaffee um so ausgiebiger ausgenutzt werden, je weicher das Wasser ist, mit dem man sie zubereitet. Für den Kaffee wird aber, wie in dem nachstehend angeführten Gutachten von einem Spezialsachverständigen dargelegt wird, oft ein härteres Wasser vorgezogen, weil in diesem gewisse Bitterstoffe weniger ausgiebig extrahiert werden. In demselben Gutachten wird aber darauf hingewiesen, daß man hierbei nicht von der Härte allgemein sprechen darf, sondern daß es darauf ankommt, wodurch die Härte bedingt wurde, mit anderen Worten, günstig können nur diejenigen Härtebildner wirken, die normalerweise in natürlichem Wasser vorkommen, nicht aber permanente Magnesiahärte. Für Tee bedeutet schon die natürliche Verhärtung, bei der die Kalziumsalze überwiegen, eine Beeinträchtigung im Geschmack. Daß die chlormagnesiumhaltigen Endlaugen außerdem noch spezifische Nachteile mit sich bringen würden, war anzunehmen im Hinblick auf den unangenehmen Geschmack des Chlormagnesiums und des schwefelsauren Magnesiums. Auch ein erhöhter Kochsalzgehalt des Wassers wirkt nachteilig auf die Tee- und Kaffeebereitung.

Rubner[2]) hat festgestellt, daß ein gutes Leitungswasser, dem Kalienlaugen in einer Verdünnung 1 : 1000 zugesetzt worden waren, den Geschmack von Tee und Kaffee so veränderte, daß beide Getränke ungenießbar wurden und ihr Genuß sich wegen ihres Geschmacks ohne weiteres verbot. Nach ihrem Genuß machte sich ein bitterer, brechenerregender Nachgeschmack bemerkbar. In diesem Zusammenhange weist Rubner[3]) darauf hin, daß auch solche Personen, die Wasser nicht zu trinken pflegen, im Falle einer Verschlechterung des Wassers in Mitleidenschaft gezogen werden bei dem Genuß von Kaffee, Tee und anderen Getränken sowie Speisen.

Auch Tjaden[4]) hat sich sehr eingehend mit der Frage des Einflusses der Endlaugen auf die Kaffee- und Teebereitung beschäftigt. Durch Spezialsachverständige konnte er feststellen lassen, daß nicht nur bei besseren Kaffeesorten sich eine Benachteiligung des Getränkes durch Endlaugenzusatz geltend machte, sondern auch bei billigen Qualitäten.

Bei einer Verhärtung des Bremer Leitungswassers durch Zusatz von Endlaugen, entsprechend einer künstlichen Verhärtung um rund 10° (168 mg Chlormagnesium im Liter oder Zusatz von 1 Teil Endlauge auf rd. 2300 Teile Wasser), gingen schon die Feinheiten des Kaffees verloren. Die feine Säure des Kaffees war nicht mehr zu schmecken, der Geschmack wurde weniger rein und charakteristisch. Der Kaffee wurde minderwertig. Es war eine um 5% vergrößerte Kaffeemenge nötig,

---

[1]) l. c. S. 7.

[2]) Rubner, Die hygienische Beurteilung der anorganischen Bestandteile des Trink- und Nutzwassers. Vierteljahrsschr. f. ger. Medizin u. öff. San.-Wes. 3. Folge. Bd. 24. Suppl.-Heft. Jahrg. 1906. Suppl. II, S. 62 u. 94.

[3]) l. c. S. 92.   [4]) Tjaden, l. c. S. 49.

um das gleiche Resultat zu erreichen wie bei Benutzung des Leitungswassers ohne Zusatz. Wurde die Verhärtung um weitere 10° gesteigert (Zusatz von 1 Teil Endlauge auf rd. 1200 Teile Leitungswasser, gleich einem Chlormagnesiumgehalt von 328 mg), so verschwanden die charakteristischen Eigenschaften der verschiedenen geprüften Kaffeesorten so weitgehend, daß man sie nicht mehr deutlich voneinander unterscheiden konnte. Die Entwertung wurde auf 10% berechnet, d. h. es war ein um 10% erhöhter Kaffeeverbrauch nötig, um einen Kaffee von gleicher Stärke zu erhalten wie bei Benutzung reinen Leitungswassers.

Der Tee reagierte auf den Endlaugenzusatz noch stärker als Kaffee. Ein Endlaugenzusatz von 1:2300 genügte schon, um Farbe, Extraktionsfähigkeit, Kraft, Aroma und Feinheit des Getränkes in solchem Maße zu beeinträchtigen, daß die Entwertung auf 15% geschätzt werden mußte. Ein Zusatz von Endlaugen 1:rd. 1200 dagegen hatte eine derartig nachteilige Wirkung, daß die Möglichkeit des fachmännischen Probierens in Frage gestellt wurde. Die Entwertung wurde noch 15—25% höher geschätzt. Beim Tee sowohl wie beim Kaffee litten die feineren und mittleren Sorten erheblich mehr als die geringeren.

Obgleich ein endgültiges Urteil über die hier angeschnittene Frage nur von einem Spezialsachverständigen erwartet werden kann, so lag mir doch daran, durch eigene Versuche zunächst auch festzustellen, inwieweit die Bevölkerung auf eine Veränderung des Kaffees und Tees durch Endlaugen aufmerksam wird und wie sie die Veränderung beurteilen würde.

Eigene Versuche mit Kaffee.

34 Versuchspersonen, die ohne Rücksicht auf die Ausbildung ihrer Geschmacksorgane ausgewählt waren, beteiligten sich an dem Versuch. Ihr Beruf ist in der nachstehenden Tabelle angegeben. Zur Verwendung kam ein Santoskaffee zu 1,50 M. per Pfund, also eine mittlere Kaffeesorte. Davon wurden 50 g mit 750 ccm siedenden Wassers übergossen, nachdem der Kaffee zunächst mit einem kleineren Teil siedenden Wassers angerührt war. Nach 6 Minuten langem Ziehen wurde filtriert. Der Kaffee wurde heiß getrunken, und zwar mit oder ohne Milch, je nachdem die Versuchspersonen es gewohnt waren. Jede Versuchsperson erhielt zunächst eine Probe Kaffee, die mit filtriertem Elbwasser, entnommen bei Hamburg, hergestellt war (Gesamthärte 12°, Gesamtmagnesiahärte 5°, darunter permanente Magnesiahärte entsprechend 42 mg Chlormagnesium). Die zweite Probe war durch Zusatz von 1 Teil Endlauge zu 1370 Teilen dieses Elbwassers auf 30° Gesamthärte gebracht worden. Die Mischung enthielt 327 mg Chlormagnesium, entsprechend 19,3° permanenter Magnesiahärte. Die Versuchspersonen waren über den Charakter der Proben nicht aufgeklärt worden. Die Fragestellung lautete: Welche von den beiden Kaffeeproben schmeckt am besten? Das Ergebnis findet sich in der nachstehenden Tabelle.

Ergebnisse der Schmeckversuche mit Kaffee.

Beruf der Versuchspersonen	Zahl der Versuchspersonen	Urteil über Kaffeeaufguß aus filtriertem Elbwasser, durch Endlauge auf 30° verhärtet	
		Verschlechterter Geschmack wahrgenommen	Charakterisierung des Geschmacks
Nahrungsmittelchemiker .	10	7	4: bitter, 1: herb, bitter, kratzend, 1: salzig, 1: schlechter als Kontrolle.
Chemiker	1	1	1: eigenartig flau.
Ärzte	2	2	1: bitter, wenig aromatisch, 1: bitter.
Bureauangestellte . . .	6	4	4: bitter.
Damen	5	3	3: bitter.
Diener	5	1	1: bitter.
Scheuerfrauen	5	3	1: bitter, 1: Beigeschmack, nicht näher zu bezeichnen, 1: schlechter als Kontrolle.

Von 34 Versuchspersonen haben 21, d. h. 62%, einen unangenehmen Geschmack an dem Kaffee mit dem Endlaugenzusatz wahrgenommen. Von denselben 34 Personen haben 4, d. h. 12%, die Kaffeeprobe ohne Endlaugenzusatz als nicht gut schmeckend bezeichnet. Die mit Endlauge versetzte

Kaffeeprobe wurde, wie die Tabelle zeigt, als weniger aromatisch, salzig, bitter, kratzend usw. bezeichnet.

Hiernach darf damit gerechnet werden, daß auch ein großer Teil unserer Bevölkerung imstande ist, die von Sachverständigen nachgewiesene Schädigung des Kaffees durch Endlaugenzusatz herauszuschmecken. Nach den oben verzeichneten Urteilen ist anzunehmen, daß einem großen Prozentsatz der Konsumenten der Genuß des Kaffees verleidet werden würde, sobald das ihnen zur Verfügung stehende Brauchwasser infolge Endlaugeneinleitung die angegebene Härte aufweisen würde. Von einer Feststellung der unteren Grenze, wo eine derartige Benachteiligung des Kaffees auch von der Bevölkerung allgemein bemerkt werden würde, habe ich zunächst abgesehen.

Dagegen hat sich eine angesehene Hamburger Kaffeefirma bereit gefunden, dieser Frage durch ihre Spezialsachverständigen näherzutreten.

Versuche von Hamburger Spezialsachverständigen mit Kaffee.

Zunächst wurde zu der Frage Stellung genommen, wie eine Verhärtung des Elbwassers durch Endlaugen bis auf 30° bei Kaffee wirken würde, später zu der Frage, ob und in welchem Grade ein geringerer künstlicher Zusatz von Endlauge zu dem filtrierten, bei Hamburg entnommenen Elbwasser bemerkbar sein würde. Es wurden Elbwasserproben verwendet, denen soviel Kalienlaugen zugesetzt waren, daß sich, unter Hinzurechnung des im Elbwasser schon enthaltenen Chlormagnesiumgehaltes, pro Liter Elbwasser 30, 75 und 110 mg Chlormagnesium ergaben, und ferner Elbwasser, das durch Endlaugen auf eine Härte von 30° gebracht worden war.

Die Gutachten der Firma scheinen mir so beachtenswert, daß ich Anlaß nehme, sie nachstehend im Wortlaut anzuführen.

Hanssen & Studt, Hamburg.   Hamburg, ben 4. Oktober 1912.

An das

Hygienische Institut, Hamburg.

Unterm 22. August erhielten wir von Ihnen

    25 l reines, filtriertes Elbwasser

und 25 l filtriertes Elbwasser, welches durch Endlaugen auf eine Härte von 30° gebracht wurde.

Sie wünschten, daß wir mit diesen beiden Wassern Kaffeekostproben ausführen sollten, um Ihnen das Untersuchungsergebnis baldmöglichst mitzuteilen.

Unterm 30. August schrieben wir:

„Die Prüfungen ergaben in allen Fällen einen deutlichen Unterschied im Geschmack. Es stellte sich heraus, daß bei den Aufgüssen durch Wasser „mit Zusatz" das eigentliche Aroma deutlicher zum Ausdruck kam; die Kaffees schmeckten feiner und lieblicher. Es war dieses sowohl bei der Hauptkonsumware — mittlerer Santos — wie bei den feinen und geringen Sorten der Fall. Gleichzeitig machte sich aber ein süßlicher Nebengeschmack bemerkbar, der bei häufiger Wiederholung immer mehr störte, so daß er mit der Zeit aufdringlich und weniger appetitreizend wirkt. — Die Ergiebigkeit ist bei dem Wasser „mit Zusatz" eine geringere; es scheint uns demnach der „Zusatz" weniger Bitterstoffe zu lösen."

Nach Erstattung dieses Gutachtens haben wir die Versuche noch weiter fortgesetzt und fanden bei jedem derselben mehr bestätigt, daß das Süßliche des Geschmackes sich steigernd unangenehm bemerkbar macht und schließlich etwas Widerwärtiges hatte. Auch wurde besonders bei den feinen Sorten diese Wahrnehmung, die sich selbst auf das Aroma erstreckte, gemacht; Geschmack und Geruch erinnerten an den von Zuckermelasse.

Die Versuche wurden vorgenommen:

        1. von unserm Herrn Max E. Hanssen,

        2. von unserm Herrn Bruno Schröder,

        3. von unserm Prokuristen, Herrn Max Pöhl.

Der Aufguß wurde auf zwei verschiedene Weisen bereitet:

1. durch Aufbrühen von 8 g in einer angewärmten Tasse, ¼ l enthaltend,

2. 6 g gefiltert in einem angewärmten Porzellankännchen — System Freiherr v. T h u m —, enthaltend 150 g.

Die Versuche wurden von jedem der Herren verdeckt vorgenommen und von jedem Herrn besonders notiert. Über die Verschiedenartigkeit des Aufgusses war völlige Übereinstimmung, der Unterschied zwischen den beiden Wassern ein prägnanter.

Sie sprachen dann ferner den Wunsch aus, weitere Kaffeekostproben zu machen, um uns zu äußern, wie der Geschmack sei, wenn dem filtrierten Elbwasser Chlormagnesium mit 30, 75 und 110 mg im Liter zugesetzt werde. Wir erhielten zu diesem Zwecke:

20, später nochmals 20 und 10 l filtriertes Elbwasser und 1 Flasche mit Endlaugenlösung, mit der folgenden Tabelle:

„Anreicherung des Elbwassers an Chlormagnesium.

Anreicherung auf:	Zusatz von verdünnter Endlaugenlösung:
30 mg im Liter	1,0 ccm zu 1 Liter
75 „ „ „	12,4 „ „ 1 „
110 „ „ „	20,5 „ „ 1 „

Die Zusatzmengen der Endlaugen sind unter Berücksichtigung des bereits im Elbwasser vorhandenen Chlormagnesiums berechnet."

Das filtrierte Elbwasser wurde von uns . . A,

dasjenige mit 30 mg . . . . B,

75 „ . . . . C,

110 „ . . . . D benannt.

Versuch I.

Costarica 792 } mit Wasser A, B, C und D { in Tassen à ¼ l Wasser
Santos 338 mit 8 g Kaffee.

Costarica 792 } mit Wasser A, B, C und D { in Kannen à 150 g Wasser
Santos 338 mit 6 g Kaffee.

Der verwandte Costarica 792 stellt eine sehr feine Geschmacksware, wie sie die Ernte 1911/12 viel brachte, dar, der Santos 338 eine etwas härtliche Qualität, eine gute Durchschnittsware der Ernte 1911/12.

Bei beiden Sorten und Bereitungsarten zeigte sich der Aufguß mit Wasser A als am herzhaftesten, stufenförmig war bei den Aufgüssen B, C und D ein etwas süßlicherer Geschmack wahrzunehmen. Der Aufguß D erinnerte an die vorn geschilderten Eigenschaften. Das Unsympathische trat aber nicht mehr zu scharf hervor, immerhin wird — zumal bei dem Costarica — manchen Kaffeetrinker der süßliche Geschmack stören.

Das Aroma entfaltet sich bei beiden Sorten mit C und D leichter und milder. Der süßliche Geruch stört beim Santos nicht, bei dem Costarica ist das Aroma mit A und B vorzuziehen.

Es ist deutlich wahrnehmbar, daß die Aufgüsse mit C und D weniger kräftig sind.

Versuch II.

Als Kontrolle von I und um wegen der Kraft der Aufgüsse mit B, C, D noch mehr Klarheit zu schaffen.

Costarica 792
Santos 338 } mit Wasser A, B, C und D { in Tassen à ¼ l Wasser
Rio 329 mit 8 g Kaffee.

Der Rio 329 ist eine harte Durchschnittsware, wie sie nur in einigen Teilen Deutschlands gewünscht wird, wenn sie billiger als Santos ist.

Auf Geschmack, Aroma und Kraft trifft alles das zu, was bei Versuch I gesagt ist. Das etwas Mildere trägt bei Aufguß mit C und D eher etwas zur Verbesserung des Geschmacks bei.

In Reagenzgläschen betrachtet, ist eine Stufenleiter erkennbar; A ergibt die dunkelste Farbe, D die hellste.

Versuch III

soll nochmals besonders den Gegensatz zwischen den Aufgüssen mit A und D zeigen.

Costarica 792		in Tassen à ¼ l Wasser	
Santos 338	mit Wasser A und D	A mit 8 g Kaffee	
Rio 329		D „ 9 g Kaffee	
		„ 10 g „	
		„ 11 g „	
Costarica 792		in Kannen à 150 g Wasser	
Santos 338	mit Wasser A und D	A mit 6 g Kaffee	
Rio 329		D „ 7 g „	
		„ 8 g „	

Resultat genau wie bei I und II.

In Geschmack und Aroma sind erhebliche Unterschiede bemerkbar. Der Costarica wird von D merklich ungünstig beeinflußt, der Santos auch etwas, der Rio nicht; bei dieser Sorte kommt es auch auf den Geschmack nicht so genau an.

Versuch IV

soll besonders dazu dienen, Versuch III zu kontrollieren und möglichst einen Vergleich in der Extraktion zwischen den Aufgüssen mit A und D zu ergründen; daher wurden die Aufgüsse stärker gemacht.

Costarica 792		in Tassen à ¼ l Wasser	
Santos 338	mit Wasser A und D	A mit 10 g und 16 g Kaffee	
		D „ 11 g „ 17 g „	
		„ 12 g „ 18 g „	
Costarica 792		in Kannen à 150 g Wasser	
Santos 338	mit Wasser A und D	A mit 8 g und 12 g Kaffee	
		D „ 9 g „ 13 g „	
		„ 10 g „ 14 g „	

Die stärkeren Aufgüsse verstärken die Schattenseiten des Wassers D im Geschmack und Aroma.

Im Reagenzgläschen ergaben sich die nachstehenden Resultate, die aber nur als ungefähr bezeichnet werden können.

Costarica 792 in Tassen	10 A = 12 D = 20%.
Santos 338 „ „	10 A zwischen 11 und 12 D = ca. 15%.
Costarica 792 „ „	16 A etwas dunkler als 18 D = ca. 15%.
Santos 338 „ „	16 A zwischen 17 und 18 D = ca. 11%.
Costarica 792 in Kannen	8 A = 9 D = 12½%.
Santos 338 „ „	8 A = 9 D = 12½%.
Costarica 792 „ „	12 A zwischen 13 und 14 D = ca. 15%.
Santos 338 „ „	12 A „ 13 und 14 D = ca. 15%.

Versuch V

soll in stärkeren Aufgüssen wie vorstehend über die Unterschiede zwischen den Aufgüssen mit Wasser A und C Aufschluß geben. Gewählt sind diesesmal andere Geschmacksorten — anstatt des Costarica ein guter Guatemala, anstatt des etwas härtlichen Santos Ernte 1911/12 ein weicher Santos neuer Ernte 1912/13, am 1. Juli begonnen.

Guatemala 303		in Tassen à ¼ l Wasser	
Santos 350	mit Wasser A und C	A 8, A 12 g Kaffee	
		C 9, C 13 g „	
		C 10, C 14 g „	

Guatemala 303 } mit Wasser A und C { A 10, A 16 g Kaffee
Santos 350 { C 11, C 17 g „
{ C 12, C 18 g „

Geschmack und Aroma wie bei I, das Süßliche ist nicht mehr so störend, was besonders von dem Santos zu sagen ist.

Im Reagenzgläschen ergaben sich die folgenden als ungefähr zu bezeichnenden Resultate:

Guatemala 303 A 8 zwischen C 9 und 10 = ca. 15%.
Santos 350 A 8 „ C 9 und 10 = ca. 15%.
Guatemala 303 A 12 „ C 13 und 14 = ca. 10%.
Santos 350 A 12 „ C 13 und 14 = ca. 10%.
Guatemala 303 A 10 = C 12 = 20%.
Santos 350 A 10 = C 11, C 12 ist dunkler = 11%.
Guatemala 303 A 16 = C 18 = 15 %.
Santos 350 A 16 = C 17, C 18 ist dunkler = 10%.

Versuch VI

soll die Unterschiede zwischen den Aufgüssen mit Wasser A und B ergründen.

Guatemala 303 } mit Wasser A und B { in Tassen à $\frac{1}{4}$ l Wasser
Santos 350 { A 8 g Kaffee
{ B 8½ g „
{ 9 g „

Guatemala 303 } mit Wasser A und B { A 6 g Kaffee
Santos 350 { B 6½ g „
{ 7 g „

Im Geschmack sind die Unterschiede wenig merklich, während dies im Aroma merkwürdigerweise etwas mehr wahrnehmbar ist.

Die Unterschiede im Reagenzgläschen waren nicht mehr zu konstatieren, da die Überleitung in diese infolge der Eile nicht eine sichere Bestimmung zuließen und wegen Abreise unseres Herrn Bruno Schröder nicht wiederholt werden konnten.

Die Versuche I—VI wurden gemacht:

1. von unserem Herrn Bruno Schröder,
2. von unserem Prokuristen, Herrn Max Pöhl, und zum Teil
3. von Herrn Georg Bockelmann, dem Geschäftsführer der uns nahestehenden Firma A. Schmidts Kaffee-Rösterei.

Sie wurden zum Teil verdeckt gemacht. Es herrschte in allen Ansichten und Befunden Übereinstimmung zwischen den Beurteilenden.

Wegen der Bereitung der Aufgüsse ist folgendes zu bemerken:

Die Bereitung in Tassen ist die zuverlässigere, jedenfalls wenn es gilt, die Extraktion festzustellen. In eine angewärmte, geeichte ¼ l-Kanne werden auf den Kaffee 250 g siedendes Wasser gegossen. Nach Ablauf der 5 Minutenuhr wird der Kaffee durch ein Sieb in eine Tasse übergegossen. Da hierbei aber trotz aller Vorsicht doch einige Teile des Satzes durch das Haarsieb treten, können die Zahlen im Reagenzgläschen nicht Anspruch auf unbedingte Sicherheit machen. Etwaige Fehler treffen aber das eine Wasser wie das andere.

Die anfangs beschriebene Bereitung in Kannen hat den Vorteil, daß der Geschmack besonders deutlich hervortritt, aber da nicht jedes Porzellansieb ganz genau gleich filtriert, so können sich Unterschiede in der Extraktion ergeben.

Es ist eine bekannte Tatsache, daß, während für Tee das weiche Wasser unbedingt den besseren Aufguß ergibt, für Kaffee dem harten Wasser in bezug auf den Geschmack sehr häufig der Vorzug zu geben ist. Der Grund scheint uns darin zu liegen, daß manche Bitterstoffe weniger gelöst werden als in einem weichen Wasser.

Wenn nun mit Bezug auf den Geschmack ein härteres Wasser zu begrüßen wäre, so können wir ein Wasser in der Zusammensetzung, wie von uns bei den Versuchen verwandt, nicht als eine

Wenn nun mit Bezug auf den Geschmack ein härteres Wasser zu begrüßen wäre, so können wir ein Wasser in der Zusammensetzung, wie von uns bei den Versuchen verwandt, nicht als eine Verbesserung bezeichnen, vor allen Dingen nicht für die feineren Sorten, denn das etwas Widerliche in dem Geschmack wird sich mit der Zeit immer mehr geltend machen. Es ist eine allgemeine Erscheinung, daß, wenn ein Fehler einmal bemerkt worden ist, dieser sich immer aufbringlicher zeigt.

Demzufolge würden wir ein Wasser wie D für unseren Artikel Kaffee für ungünstig halten. Geschmacklich ließe sich gegen die Wasser B und C nicht viel einwenden, sie könnten nach dieser Richtung verwandt werden, ohne einen Schaden anzurichten. Das Bittere, Herzhafte ist zwar das Spezifische, das ein Kaffeetrinker wünscht, aber es wird auch manche geben, die die Aufgüsse mit B und C vorziehen würden.

Wirtschaftlich dagegen würde schon C den Konsumenten nicht unwesentlich schädigen. Nehmen wir die geringere Extraktion durch Wasser C nur mit 12½% an, so hätte ein Café mit 180 Ztr. Kaffeekonsum — davon gibt es in Hamburg verschiedene — bei einem Preise von 170 Pf. per Pfund = 30 600 M. à 12½% = 3825 M. mehr aufzuwenden, um seinen Gästen den verlangten gleich starken Aufguß zu liefern.

Eine kaffeetrinkende Familie von durchschnittlich fünf Personen (inklusive Dienstboten) mit einem durchschnittlichen Konsum von etwa 60 Pfund à 150 Pf. = 90 M. würde also bei Wasser C jährlich 12½% = 11,25 M. mehr zu verausgaben haben.

Sind die Versuche mit Wasser B auch nicht ganz zu Ende geführt, so halten wir auch wirtschaftlich ein solches Wasser für wenig in die Wagschale fallend.

Hochachtungsvoll
gez. Hanssen & Studt.

Hiernach darf behauptet werden, daß schon ein Endlaugenzusatz, entsprechend 75 mg Chlormagnesium im Liter, soweit die Kaffeezubereitung in Frage kommt, eine ausgesprochene wirtschaftliche Schädigung bedingt. Sie darf für Hamburg nach obigen Angaben auf jährlich mindestens 2 Millionen Mark geschätzt werden. Die Erhöhung des Chlormagnesiumzusatzes auf 110 mg im Liter würde, außer der wirtschaftlichen Schädigung, noch eine derartige Geschmacksveränderung befürchten lassen, daß ein großer Teil der Konsumenten den Genuß von Kaffee voraussichtlich aufgeben würde.

Eigene Versuche mit Tee.

Aus ähnlichen Gründen wie für Kaffee habe ich auch mit Tee eigene Versuche eingeleitet. Wiederum wurden 34 Versuchspersonen, deren Beruf in der nachstehenden Tabelle angegeben ist, ohne Rücksicht auf die Ausbildung ihrer Geschmacksorgane herangezogen. Zur Verwendung kam eine Kongo-Pecco-Mischung zu einem Preis von 2,40 M. per Pfund, also eine mittlere Teesorte. Je 20 g dieses Tees wurden mit 1 l siedenden Elbwassers ohne Zusatz aufgebrüht und mit 1 l siedenden Elbwassers, das durch Endlaugenzusatz auf 30° Gesamthärte, entsprechend 327 mg Chlormagnesium im Liter, gebracht worden war (unter Hinzurechnung der im Elbwasser schon vorhandenen

Ergebnisse der Schmeckversuche mit Tee.

Beruf der Versuchspersonen	Zahl der Versuchspersonen	Urteil über Teeaufguß aus filtriertem Elbwasser, durch Endlauge auf 30° verhärtet	
		Verschlechterter Geschmack wahrgenommen	Charakterisierung des Geschmacks
Nahrungsmittelchemiker .	10	2	1: herbe, 1: herbe, kratzend.
Chemiker	2	1	stumpf.
Ärzte	1	1	wenig aromatisch.
Bureauangestellte . . .	4	3	1: wenig aromatisch, 1: bitterer als Kontrolle, 1: nüchtern.
Damen	6	6	2: schlechter als Kontrolle, 1: trockenes Gefühl, bitter, 1: bitterer als Kontrolle, 1: stumpf, 1: trockenes Gefühl im Munde.
Diener	6	2	schlechter als Kontrolle.
Scheuerfrauen	5	5	1: bitter, 1: zusammenziehend, 3: schlechter als Kontrolle.

42 mg Chlormagnesium). Nach drei Minuten langem Ziehen wurde der Tee filtriert und von den Versuchspersonen, je nach Gewohnheit, mit oder ohne Milch heiß getrunken.

20 von 34 Versuchspersonen, d. h. 59%, haben im Vergleich zu dem ohne Endlaugenzusatz zubereiteten Tee eine nachteilige Veränderung durch die Endlauge wahrgenommen, ohne daß sie vorher über den Charakter des Zusatzes aufgeklärt worden waren. Von denselben 34 Versuchspersonen haben wiederum nur 4, d. h. 12%, die Teeprobe, welche aus filtriertem Elbwasser ohne Zusatz hergestellt war, als nicht gutschmeckend bezeichnet. Die durch die Endlauge bedingte Veränderung wurde, wie aus der Tabelle ersichtlich ist, charakterisiert als weniger aromatisch, herbe, stumpf, bitter, kratzend usw.

Hiernach darf man annehmen, daß ein großer Teil der Konsumenten einen Zusatz von Endlaugen bis zur angegebenen Höhe an der nachteiligen Veränderung des Tees ohne weiteres bemerken und wahrscheinlich auch den Konsum eines so veränderten Tees einschränken oder aufgeben würde. Von dem Versuch, die unterste Grenze festzustellen, bei der eine Veränderung des Tees durch Endlaugen von den Konsumenten ohne weiteres bemerkt würde, habe ich abgesehen.

Versuche von Hamburger Spezialsachverständigen mit Tee.

Eine angesehene Hamburger Teefirma hat sich bereit gefunden, durch ihre Spezialsachverständigen auch diese Frage klären zu lassen. Die mir freundlichst übersandten Gutachten verdienen hier im Wortlaut angeführt zu werden.

Zunächst wurden Versuche mit Elbwasser, entnommen bei Hamburg, vorgenommen, gleichzeitig mit demselben Wasser, das durch Zusatz von Endlauge auf 30° verhärtet war, entsprechend einem Chlormagnesiumgehalt von 327 mg pro l.

Das Ergebnis lautete:

G. W. A. Westphal Sohn & Co.   Hamburg, den 27. August 1912.

Hygienisches Institut Hamburg, Jungiusstraße.

Wir haben, entsprechend dem Wunsche von Herrn Professor Lendrich, mit den beiden uns überlassenen Wasserproben Versuche angestellt und teilen Ihnen über das Resultat folgendes mit:

Wir haben die beiden Wassersorten in dem uns eingesandten Zustande probiert und gefunden, daß die Probe „mit Zusatz" im Geschmack härter und, verglichen mit der anderen Probe, leicht salzhaltig schmeckt. Wir haben dann mehrfach Teesorten aus allen Produktionsländern in der üblichen Weise aufgegossen, und zwar verdeckt, so daß das Resultat auf ganz einwandfreie Weise gewonnen ist. Der dem Wasser beigefügte Zusatz hat zweifellos eine stark nachteilige Wirkung auf den Geschmack des damit bereiteten Tees. Durch Aufguß des Tees mit dem Wasser „mit Zusatz" läßt sich nur ein weichliches Getränk erzielen, das, verglichen mit dem Aufguß von gewöhnlichem Wasser, einen unangenehmen Geschmack hat. Das Aroma des Tees geht bei fast allen Sorten zum größten Teil verloren. — Entsprechend dem schwächeren Geschmack des Tees, ist auch die Farbe des Aufgusses heller. Daß das Wasser „mit Zusatz" ein schlechteres Produkt ergibt als das bisherige Wasser, geht auch daraus hervor, daß die Teeblätter bei der Bereitung eine dunklere, d. h. schlechtere Färbung annehmen. —

Wir können unser Urteil nur dahin zusammenfassen, daß es für die Konsumenten von erheblichem Nachteil sein würde, wenn sie den Tee mit dem Wasser „mit Zusatz" bereiten müßten.

Hochachtungsvoll
gez. G. W. A. Westphal Sohn & Co.

Gutachten.

Die uns gestellten Fragen betreffen zweierlei:

1. Welches Quantum Chlormagnesium nach unserer Ansicht im Elbwasser höchstens zugelassen werden kann.

2. Welchen Einfluß die Vermehrung des Gehalts an Chlormagnesium im Elbwasser auf die Bereitung von Tee hat, und welchen Schaden die Konsumenten von Tee durch Erhöhung des Gehalts von Chlormagnesium erleiden würden.

Zur Beantwortung beider Fragen haben wir eine Reihe von Versuchen angestellt, und zwar mit verschiedenen Teesorten billigster bis feinster Qualität, chinesischer sowie indischer Provenienz. —

Auf Grund der angestellten Versuche sind wir dahin gekommen, unsere Meinung dahin abzugeben, daß, soweit Tee in Frage kommt, bei einer Anreicherung des Elbwassers auf 75 mg Chlormagnesium im Liter die zulässige Grenze bereits erheblich überschritten ist. Bei dem Gehalt von 75 mg im Liter tritt bereits eine sehr starke Verschlechterung des Aufgusses von Tee ein. Der mit diesem Wasser in der gebräuchlichen Weise bereitete Tee hat sein Aroma völlig verloren, und es läßt sich nur ein dünner, wenig angenehm schmeckender Aufguß erzielen. Bei einer Anreicherung auf 30 mg im Liter tritt die eben erwähnte Erscheinung in geringerem Maße auf. Bei billigen Sorten ist ein Unterschied wenig bemerkbar, während bei besseren Sorten allerdings schon eine Verschlechterung des Aromas zu konstatieren ist. Soweit die Teebereitung in Frage kommt, dürfte die zulässige Höchstgrenze für Anreicherung nicht viel über 30 mg im Liter liegen, also jedenfalls nicht über 50 mg im Liter. — Bei einer Anreicherung auf 110 mg Chlormagnesium im Liter trat, wie zu erwarten, gegenüber der Anreicherung auf 75 mg, noch eine weitere erhebliche Verschlechterung des Aufgusses ein. Das mit dem auf 110 mg angereicherten Wasser hergestellte Getränk kann kaum mehr als genießbar bezeichnet werden. —

In Beantwortung Ihrer zweiten Anfrage beziehen wir uns im wesentlichen auf unser Gutachten vom 27. August und auf die Beantwortung der ersten Frage. Um das Maß der Schädigung des Konsumenten aufzufinden, haben wir Versuche angestellt, um festzustellen, wieviel mehr Tee dazu nötig ist, um mit dem angereicherten Wasser einen Aufguß von gleicher Kraft herzustellen. — Wir sind dabei zu dem Resultat gekommen, daß das Aroma unter allen Umständen, auch bei Verwendung von einem erheblich größeren Quantum Tee per Tasse, wesentlich leidet. Eingehende Versuche haben dann gezeigt, daß bei dem auf 30 mg angereicherten Wasser eine unwesentliche Vermehrung des Teegewichts (2—3%) per Tasse nötig ist. Dagegen hat es sich gezeigt, daß bei einer Anreicherung auf 75 mg bereits eine Erhöhung des Teegewichtes per Tasse um 10—15%, bei einigen Sorten sogar um 20% nötig ist, um ein Getränk von der gleichen Kraft herzustellen wie mit gewöhnlichem Elbwasser. Es würde somit der Konsument von Tee mit einer Extraausgabe von durchschnittlich 10—15% des Verbrauchs belastet werden, wenn der Gehalt des Elbwassers an Chlormagnesium durch vermehrte Ableitung von Abwässern in die Elbe auf 75 mg im Liter steigt.

Hamburg, 19. Oktober 1912.

gez. G. W. A. Westphal Sohn & Co.

Die größere Empfindlichkeit des Tees gegenüber den Endlaugen kommt also darin zum Ausdruck, daß schon ein Zusatz entsprechend 30 mg Chlormagnesium im Liter eine wirtschaftliche Benachteiligung der Konsumenten bedeuten würde, die sich bei 75 mg Chlormagnesium auf 10—20% steigern würde. Aber selbst durch Mehrverbrauch von Tee würde nach obigem Gutachten der durch die Endlaugen veränderte Geschmack nicht korrigiert werden können. Ein Endlaugenzusatz entsprechend 110 mg Chlormagnesium genügt schon, um den Tee ungenießbar zu machen.

Die pharmakodynamischen Wirkungen der Endlaugen werden durch den Kochprozeß nicht beeinflußt. Beim Genuß von Tee und Kaffee ist im Falle eines höheren Zusatzes von Endlaugen deshalb mit solchen Gesundheitsschädigungen zu rechnen, wie sie unter dem Kapitel Trinkwasser schon hervorgehoben wurden.

Speisenzubereitung.

In allen Speisen, die phosphorsaure Salze enthalten, namentlich aber auch bei allen tierischen, eiweißreichen Nahrungsmitteln, wie Milch, Fleisch usw., ist bei Anwesenheit von Chlormagnesium mit Umsetzungen zu rechnen, die zur Ausfällung von phosphorsaurem Magnesium und zum Koagulieren des Eiweißes führen können. Dadurch kommt es zu Geschmacksveränderungen. Die Ausfällung des Magnesiums durch die phosphorsauren Salze, wie sie z. B. in Fleisch und Fleischbrühen in Frage kommt, führt allerdings zu einer Beseitigung des bitteren Chlormagnesiumgeschmackes. Auch durch die Koagulation und flockige Ausscheidung des Eiweißes kann das Chlormagnesium eingehüllt und sein bitterer Geschmack verdeckt werden. Gleichzeitig ist aber mit einer Herabsetzung der Ausnutzbarkeit des Eiweißes zu rechnen.

Für Leguminosen, insbesondere Erbsen, hat Richter[1] unter Rubners Leitung feststellen können, daß das Legumin mit dem Chlormagnesium eine harte, hornartige Verbindung

---

[1] Richter, Über die Ausnutzung von Erbsen im Darmkanal des Menschen bei weichem und hartem Rohwasser. Archiv für Hygiene Bd. 46, 1903, S. 264.

eingeht, welche die Ausnutzung dieses wichtigen Nährstoffes im Verdauungskanal herabsetzt. Erbsen, die mit Chlormagnesiumlösungen zubereitet waren, führten auch zum Auftreten von Verdauungsstörungen bei Richter, der dieselben Erbsen, in demselben Wasser ohne Chlormagnesiumzusatz zubereitet, gut vertragen konnte. Allgemein bekannt ist, daß Gemüse, die in weichem Wasser gekocht werden, viel weicher und zarter und deshalb auch bekömmlicher sind als bei Verwendung harten Wassers. Wenn das schon für eine Verhärtung des Wassers durch Kalk gilt, so fällt diese Tatsache bei dem weniger indifferenten Chlormagnesium naturgemäß viel schwerer ins Gewicht.

Tjaden[1] weist mit Recht darauf hin, daß kranke Personen und vor allem Säuglinge, die künstlich ernährt werden müssen, unter dem Chlormagnesium der Endlaugen besonders zu leiden haben dürften. Abgesehen von der schädlichen Wirkung, die das Chlormagnesium an und für sich schon hat, kommt noch die vorhin erwähnte störende Beeinflussung der Milch hinzu. Auch weist Tjaden darauf hin, daß die fortgesetzte Zufuhr von Chlormagnesium bei mancherlei Erkrankungszuständen, wie z. B. anämischem Zustand, bei Personen, die in der Ernährung heruntergekommen sind, bei entzündlichen Erkrankungen des Darmes und des Peritoneums, ganz besonders schädlich wirken muß.

Körperpflege.

Durch sehr eingehende Versuche hat Rubner[2] eine Erklärung für die allgemein bekannte Tatsache zu finden gesucht, daß beim Waschen der Hände und überhaupt des übrigen Körpers weiche Wässer sehr viel angenehmer wirken als harte Wässer. Bekanntlich wird dem sehr weichen Regenwasser bei der Körperpflege allgemein der Vorzug gegeben. Rubner konnte feststellen, daß er nach Einseifen der Hände und Eintauchen in destilliertes Wasser ein unbeschränktes Gefühl der Hautweichheit behielt. Nach dem Herausziehen der Hände aus dem destillierten Wasser konnte er ohne weiteren Seifenverbrauch erneute Schaumbildung hervorrufen. Schon bei 5—6° Härte des Wassers machte sich ein Unterschied geltend. Bei 15—16° Härte aber schäumte die Seife weniger gut. Das Gefühl der Hautweichheit war geringer. Beim Herausnehmen der Hände aus solchem Wasser schäumte die Seife nur noch wenig nach. In einem auf 30° verhärteten Wasser war die Schaumbildung schlecht. Beim Eintauchen in eine frische Probe derartigen Wassers verschwand das Gefühl der Hautweichheit schnell und beim Herausziehen schäumte die Seife gar nicht mehr nach. Die hierher gehörigen Rubnerschen Feststellungen finden sich in der nachstehenden Tabelle zusammengestellt.

Einfluß der Härte des Wassers auf den Waschvorgang.

Härte ° d. H.	Verschaumungsgrad der Seife	Gefühl der Hautweichheit beim Eintauchen	Nachwirkung der Seife
300	++++++	sofort verschwunden	0
150	+++++	" "	0
75	+++++	" "	0
50	++++	" "	0
30	+++	rasch	0
15—16	++	bleibt lange	+++
5—6	++	sehr lange	++
0	+	unbeschränkt	+

Verschaumungsgrad: ungemein gering = ++++++ usw., gut = +.
Nachwirkung: schlecht = +++ usw., gut = +.

Rubner ist der Meinung, daß nach dieser Richtung hin die Magnesiaverhärtung ebenso zu beurteilen sei wie die Kalkverhärtung. Jedoch ist sie insofern ungünstiger, als sie beim Versuch, die Härte durch Sodazusatz, ebenso wie bei Verwendung von Seife, zu beseitigen, flockige,

[1] Tjaden, l. c. S. 43.
[2] Rubner, Die hygienische Beurteilung der anorganischen Bestandteile des Trink- u. Nutzwassers, l. c. S. 68.

käsige Niederschläge bildet, während Soda mit kalkhartem Wasser nur milchige Trübungen ohne Flockenbildung veranlassen soll. Diese Flocken sind von der Haut, namentlich von den behaarten Körperteilen, wie Rubner hervorhebt, sehr schwer zu entfernen. Abgesehen von der damit verknüpften Unbehaglichkeit ist hiervon bei Personen mit empfindlicher Haut auch eine schädigende Reizwirkung zu erwarten. Von einer Verhärtung des Wassers über 20° erwartet Rubner aus solchen Gründen eine Beeinträchtigung der Brauchbarkeit des Wassers für die Körperpflege.

Neben diesen physiologischen Nachteilen darf die wirtschaftliche Seite nicht vernachlässigt werden. Beim Händewaschen pflegt man, wie Rubner hervorhebt, ebenso wenig wie beim Baden das ganze Wasch- oder Badewasser mit Seife abzusättigen. Immerhin bedeutet jeder Grad einer steigenden Verhärtung einen nicht unwesentlichen Mehrverbrauch an Toiletteseife.

Wäsche.

Bei Besorgung der Wäsche muß die ganze Härte in dem Waschwasser durch Seife oder Soda abgesättigt werden, ehe es zum Schäumen und zur Waschwirkung kommen kann. Wieviel Seife und Soda dazu erforderlich ist, läßt sich titrimetrisch leicht feststellen. Jeder Grad der Verhärtung bedeutet pro cbm Wasser einen Mehrverbrauch an Soda um 50 g, an Seife, je nach deren Gehalt an Fettsäuren, um 125—250 g.

Der Wasserverbrauch für die Wäsche soll durchschnittlich 10—15 l pro Kopf und Tag betragen. Davon entfällt nur der kleinere Teil (nach Schätzung von Sachverständigen $\frac{1}{4}$ bis $\frac{1}{3}$) auf die eigentlichen Waschwässer, der größere Teil ($\frac{2}{3}$ bis $\frac{3}{4}$) auf die Spülwässer, die nicht mit Seife abgesättigt zu werden brauchen. Man würde also pro Kopf und Tag mit 4 l Waschwasser zu rechnen haben, die durch Soda oder Seife neutralisiert werden müssen. Nehmen wir die natürliche Härte des Elbwassers mit etwa 8° an, so würde eine Verhärtung durch Endlaugen auf 30° eine Härtezunahme um 22° bedeuten. Eine Verhärtung von 22° bedingt pro cbm einen Mehrverbrauch an Seife von 2,75 bis 5,5 kg, je nach deren Gehalt an Fettsäuren, und zwar rd. 3,7 kg 60 proz. Seife. 3 l täglich entsprechen rd. 1 cbm im Jahr. Auf jeden Konsumenten würde durch eine Verhärtung auf 30° allein für Wäschezwecke jährlich ein Mehrkonsum an Seife im Werte von ungefähr $2\frac{1}{5}$ M. entfallen. Für die Bevölkerung von Hamburg würde die angenommene Verhärtung also pro Jahr allein in bezug auf Seifenverbrauch eine Schädigung von mindestens etwa $2\frac{1}{5}$ Mill. M. bedeuten. Neutralisiert man das Waschwasser nicht durch Seife, sondern durch Soda, so ist die wirtschaftliche Schädigung geringer.

Eigene Waschversuche.

Um mir ein sicheres Urteil über die Nachteile der Endlaugen für den Waschprozeß bilden zu können, habe ich Versuche einleiten lassen, bei denen das bei Hamburg entnommene Elbwasser durch Endlaugenzusatz auf 30° verhärtet wurde. Rechnerisch waren dann pro cbm Wasser $7\frac{1}{2}$ kg der benutzten Seife zur Neutralisierung notwendig. Bei Zusatz von nur 6 kg Seife schäumte das Wasser nicht. Erst bei Zusatz von 8 kg war es nach Auffassung der Wäscherin möglich, mit diesem Wasser zu waschen. Ohne den Endlaugenzusatz pflegte die Wäscherin 4 kg Seife zu verbrauchen. Durch den Mehrverbrauch an Seife waren die Nachteile aber keineswegs gehoben. Bei Zusatz von 6 kg Seife, die zuerst benutzt wurden, bildeten sich in dem Waschwasser flockige, käsige Abscheidungen, die sich in die Wäsche setzten und aus ihr nicht wieder entfernen ließen. Bei vollständiger Neutralisierung der Härte bildeten sich naturgemäß dieselben störenden, flockigen, käsigen Ausscheidungen im Wasser. Es kommt hinzu, daß trotz vollständiger Neutralisierung der Härte durch Soda noch $\frac{1}{4}$ an Seife mehr verbraucht wurde, als dieselbe Wäscherin sonst verwendete bei Elbwasser ohne Endlaugenzusatz.

J. H. Vogel wie auch B. Wagner erklären, der durch die Endlaugen für die Wäsche bedingte Nachteil lasse sich durch Sodazusatz für ein billiges Geld vollständig korrigieren. Diese Auffassung wird von anderen Sachverständigen nicht geteilt. Auf die käsige Ausflockung der Seife wurde eben schon hingewiesen. Fendler und Frank[1]) haben nachgewiesen, daß diese Flocken

---

[1]) Fendler und Frank, Über Wäscherei und Waschmittel sowie über Versuche zur Ausarbeitung rationeller, insbesondere den Wäscheverschleiß vermindernder Waschverfahren. Gesundheits-Ingenieur 1911, Bd. 34, S. 321.

in der Wäsche haften bleiben. In verschiedenen Stoffen, wie in Hemdenstoffen, Drillich und Flanell, fanden sie einen Aschengehalt von 0,06—0,3%, während ausrangierte Wäschestücke aus denselben Stoffen, die gebraucht und wiederholt gewaschen waren, nicht weniger als 7,3—14,6% Asche enthielten. Diese setzte sich zum großen Teil aus Kalk und Magnesia zusammen. Solche Ablagerungen in der Wäsche können natürlich nicht gleichgültig sein. Sie beeinträchtigen direkt die Porosität und damit nicht nur die Ventilierbarkeit der Kleidung, sondern auch die wärmeregulierenden Eigenschaften der Haut und die Regulierung der Körpertemperatur.

Auch die Ansehnlichkeit der Wäsche leidet durch diese Vorgänge. Ihr Vergilben wird durch solche Ablagerungen gefördert, und die Wäsche nimmt einen eigenartigen, ranzigen Geruch an. Dieser findet seine Erklärung in den an die Erdalkalien gebundenen Fettsäuren, die Fendler und Frank in der gebrauchten Wäsche außer Kalk und Magnesia nachweisen konnten, und die sowohl aus der Seife wie auch aus den Hautabscheidungen stammen können. Sie ließen sich nicht aus der Wäsche entfernen wie bei Verwendung weichen Wassers.

Es kommt hinzu, daß bei Zusatz von reichlichen Mengen Soda mit einer Schädigung der Gewebefaser zu rechnen ist, die bei längerem Gebrauch brüchig wird.

Rubner weist darauf hin, daß das Reinlichkeitsbedürfnis der Bevölkerung darunter leidet, wenn sie sich auf den Gebrauch von Leibwäsche angewiesen sieht, die durch Magnesiumsalze in der beschriebenen Weise verändert ist.

Städtische Versorgungszwecke.

In manchen Städten entfällt der Wasserkonsum zum weitaus größten Teile auf Trink- und häusliche Brauchzwecke, für welche die oben dargelegten Gesichtspunkte maßgebend sind. Für kommunale Zwecke, wie Straßenbesprengung und Spülungen aller Art, ist eine Steigerung des Chlormagnesiumgehaltes nicht von großer Bedeutung. Wohl aber kann sie für das Brauchwasser der Gewerbe und der Industrie eine sehr große Bedeutung gewinnen. Die Erörterung aller hierher gehörigen Fragen muß ich auf das einschlägige Kapitel verweisen. Nicht unerwähnt lassen möchte ich aber, daß das Chlormagnesium für bauliche Zwecke, und zwar nicht nur bei der Herstellung von Kanälen, die ständig mit Wasser in Berührung bleiben sollen, sondern auch bei Häuserbauten eine recht verhängnisvolle Wirkung ausüben kann. Bedingt wird diese durch die weiter oben schon besprochene Umsetzung des Chlormagnesiums mit den Kalziumsalzen. Letztere hat eine Entkalkung der Baumaterialien, insbesondere des Mörtels und Zementes, zur Folge. Außerdem können die hygroskopischen Eigenschaften des Chlormagnesiums in der Weise störend in Erscheinung treten, daß sie zu Feuchtigkeit der Mauern und damit zu allen möglichen gesundheitlichen Nachteilen, wie auch zu Pilzvegetationen Anlaß geben. Schon bei Verwendung eines durch Endlaugen im Verhältnis von 1:1000 verhärteten Wassers (entsprechend einer Härte von rd. 25° und einem Chlormagnesiumgehalt von rd. 390 mg im Liter) konnte Rubner[1] derartige Wirkungen beobachten. Die nähere Erörterung der hierher gehörigen Fragen muß ich ebenfalls auf das betreffende Kapitel verweisen.

Auch die städtischen Rasenflächen, Parkanlagen usw. haben unter einem mit erheblichen Mengen von Endlaugen versalzenen Wasser zu leiden. Dieser Punkt wird im Zusammenhang mit der Erörterung der landwirtschaftlichen Interessen zu behandeln sein, ebenso die Frage der Schädigung der Haustiere und Fischerei-Interessen.

In dem vorstehenden Gutachten habe ich lediglich von den Schädigungen durch die Abwässer der Kali-Industrie gesprochen. Es ist mir natürlich nicht unbekannt, daß sowohl dem Stromgebiet der Elbe wie auch dem der Weser zeit- und stellenweise auch andere Abwässer in Mengen zugeführt werden, die das zulässige Maß überschreiten und ohne Zweifel zu Schädigungen Anlaß geben. Da es sich aber um Abwässer ganz anderer Herkunft handelt, so hätte ich überhaupt keinen Anlaß, sie an dieser Stelle auch nur zu erwähnen, wenn nicht des öfteren die Behauptung aufgestellt worden wäre, die Kaliabwässer und die andersartigen Abwässer träten in Wechselbeziehungen zueinander und beeinflußten sich gegenseitig. Diese Beeinflussung wird von einer Seite in günstigem Sinne gedeutet, von der anderen Seite in ungünstigem Sinne. Die Vertreter der Kali-Industrie behaupten,

---

[1] Rubner, l. c. S. 101/2.

ihre Abwässer begünstigten den Selbstreinigungsprozeß der Flüsse in mancherlei Weise. Von gegnerischer Seite wird behauptet, die biologischen Vorgänge in den uns interessierenden Stromläufen würden durch die Abwässer der Kali-Industrie gestört. Über diese Fragen werden zurzeit von verschiedenen kompetenten Sachverständigen eingehende Erhebungen angestellt, auf die ich an anderer Stelle zurückzukommen haben werde. Bei den Punkten, die ich im vorstehenden Gutachten in Erörterung gezogen habe, ist den hierher gehörigen Vorgängen jedenfalls keine bedeutende Rolle beizumessen. Es kam mir hauptsächlich darauf an, festzustellen, ob die den Flußläufen zugeführte Chlormagnesiummenge sich selbst nahe der Mündung der Elbe und Weser noch in unzersetzter Form würde nachweisen lassen. Den Beweis dafür, daß das der Fall ist, habe ich in obigem erbracht.

Zusammenfassung der Ergebnisse.

1. Das Wasser der Elbe und der Weser ist von Natur, praktisch gesprochen, frei von Chlormagnesium und Magnesiumsulfat.

2. Ein Gehalt von 30 mg Chlormagnesium im Liter beeinträchtigt schon die Verwendbarkeit des Wassers zur Herstellung von Tee. Ein Chlormagnesiumgehalt von 75 mg tritt bei der Kaffeebereitung schon störend in Erscheinung. Ein Chlormagnesiumgehalt von 50 mg im Liter Trinkwasser wird von vielen Personen schon unangenehm empfunden, ein Gehalt von 110 mg Chlormagnesium dagegen bereits von einem großen Prozentsatz der Bevölkerung. Auch nach anderer Richtung wirken derartige Chlormagnesiummengen bereits in nachweisbarer Weise schädlich.

3. Ein Chlormagnesiumgehalt von 50—110 mg im Liter genügt, um Flußwasser wie dasjenige der Elbe und der Weser für Trinkzwecke minderwertig zu machen.

4. Der in der Weser und der Elbe zurzeit nachweisbare Gehalt an permanenter Magnesiahärte (Chlormagnesium und Magnesiumsulfat) erreicht schon jetzt gelegentlich diese Grenze. Bei einer weiteren Steigerung der Einleitung von Chlormagnesium in die Weser und die Elbe bzw. in ihre Nebenflüsse würden demnach für die ganze Bevölkerung Nachteile erwachsen, die auf den Genuß des Wassers dieser Flüsse angewiesen ist.

5. Durch Anlegung von Grundwasserwerken innerhalb der Einflußsphäre dieser Flüsse kann man sich solchen nachteiligen Wirkungen nicht entziehen, weil mit dem Eindringen des Flußwassers in den Untergrund zu rechnen ist, und weil das Chlormagnesium, wie nachgewiesen wurde, zum größten Teil unverändert durch den Boden hindurchtritt oder aber in das ebenso schädliche Kalziumchlorid umgesetzt wird.

6. Die Chlormagnesiumzufuhr erfolgt im Wesergebiet ausschließlich durch die Endlaugen der Kali-Industrie, im Elbgebiet zu etwa 92% durch die Endlaugen der Kali-Industrie, zu etwa 8% aus dem Mansfelder Schlüsselstollen.

7. Demnach kann die Endlaugenzuleitung zu den genannten Stromläufen nicht weiter gesteigert werden, ohne die gesundheitlichen und wirtschaftlichen Interessen in den genannten Gebieten zu gefährden.

8. Die Fernhaltung der Endlaugen von den Stromläufen ist technisch durchführbar. Aus rein finanziellen Gründen erfolgt sie nicht. Angesichts des für Deutschland vorhandenen Kalimonopols und der Interessengemeinschaft sämtlicher Kaliwerke können aber finanzielle Gründe nicht maßgebend sein.

9. Der finanzielle Schaden, der den Unterliegern aus der Endlaugenableitung erwächst, ist größer als die dadurch erzielten Ersparnisse der Kali-Industrie.

10. Wichtiger aber noch ist die Tatsache, daß das Weser- und das Elbwasser infolge der Einleitung von Endlaugen den Charakter eines guten Trinkwassers verloren haben. Hierzu ist es nicht nötig, daß die Geschmacksgrenze von 50—110 mg Chlormagnesium in jedem Jahre an vielen Tagen überschritten wird. Wo es sich um das Wohl und Wehe von mehr als einer Million Menschen handelt — die auf die Verwendung des Wassers dieser Flüsse als Trink- und Brauchwasser angewiesen sind —, ist eine Überschreitung dieser Geschmacksgrenzen überhaupt nicht zulässig.

Auf Grund der Abflußmengen der Elbe läßt sich errechnen, daß die höchste oben an-geführte Geschmacksgrenze (110 mg Chlormagnesium im Liter) im Jahre 1911 in der Elbe bei Hamburg an 16 Tagen überschritten worden ist. Für dasselbe Jahr muß auf Grund unserer Feststellungen angenommen werden, daß das Elbwasser bei Hamburg an 191 Tagen mehr als 50 mg Chlormagnesium im Liter enthielt.

Bei Magdeburg dürfte im Jahre 1911 der Gehalt des Elbwassers an Chlormagnesium an 54 Tagen 110 mg im Liter überschritten haben, und zwar am rechten Ufer, das vor der Versalzung mehr geschützt ist als das linke.

In der Weser liegen die Verhältnisse noch ungünstiger.

Hamburg, den 25. November 1912.

Dr. Dunbar.

Anlage 1
zum Gutachten von Prof. Dr. Dunbar.

Über die Differenzierung der Magnesiahärte in Karbonat- und Nichtkarbonathärte sowie über den Nachweis von Alkalikarbonaten in Wasser.

Von Dr. H. Noll[1].

Eine vor einigen Jahren gebrachte Mitteilung von P f e i f f e r [2] über die Bestimmung des Chlormagnesiums im Wasser führte zu einer Kontroverse zwischen diesem und Hermann E m d e und Richard S e n ft [3], welche letzteren die Ansicht P f e i f f e r s , daß man durch Eindampfen des Wassers und Erhitzen des Rückstands auf 400—450° C das Chlormagnesium unter Abspaltung von Salzsäure zersetzen und aus der Differenz der vor und nach dem Erhitzen ausgeführten Chlorbestimmungen den Gehalt an Chlormagnesium berechnen könne, nicht teilten. Nach den Versuchen dieser werden auch die Alkalichloride zum Teil mit zersetzt, ebenfalls kann durch Umsetzung der im Wasser vorhandenen Salze Chlormagnesium gebildet werden, welches ursprünglich gar nicht vorhanden war. P f e i f f e r hatte seine Methode zum Nachweis des Chlormagnesiums im Elbwasser ausgearbeitet, weil eine direkte Methode für die Bestimmung des Chlormagnesiums im Wasser nicht vorhanden ist und die Berechnungen aus der Vollanalyse, wie P f e i f f e r richtig ausführt, auf Annahmen beruhen und anderseits auch zu weitläufig sind.

Versuche, die ich über die Differenzierung der Karbonathärte im Wasser angestellt habe und die im besonderen auf das Elbwasser gerichtet waren, sind von mir veröffentlicht worden[4]. Ich habe derzeit darauf hingewiesen, daß meine Absicht, eine einwandfreie Methode festzulegen, an den Umsetzungen der Salzlösungen unter sich gescheitert sei. Ich konnte damals aber auch feststellen, daß diese Umsetzungen durch im Wasser vorhandene organische Substanzen beeinflußt werden, indem diese einen verzögernden Einfluß ausüben. Auffallend waren mir damals die geringen Magnesiabefunde, die nach dem Einkochen des Elbwassers von 1000 auf 250 ccm in Lösung verblieben. Ich habe die gefundenen Werte noch einmal auf Tabelle I wiedergegeben. Die geringe Alkalität, die das Wasser nach dem Einkochen noch aufwies, war ohne Frage in erster Linie durch Magnesiumkarbonat bedingt, da Kalziumkarbonat, abgesehen von Wässern, die einen sehr geringen Salzgehalt aufweisen, fast quantitativ zur Ausscheidung gelangt. Bei der ersten Wasserprobe würde sich die Alkalität ganz und bei der andern bis auf 2 mg mit den Restbefunden an MgO decken. Nach diesen Befunden war also damals wenig oder gar keine Magnesia als Nichtkarbonathärte im Elbwasser vorhanden. Infolge dieser mir zweifelhaft erscheinenden Befunde habe ich später, zu einer Zeit, während welcher die Magnesiabefunde im Elbwasser infolge niedriger Wasserstände eine anormale Höhe erreicht hatten, diesbezügliche Versuche noch einmal wieder aufgenommen, für die ich keine künstlichen Lösungen, sondern nur natürliche Wässer verwendete. — Ein hoher Magnesiumgehalt

---

[1] Mitteilung aus dem staatlichen Hygienischen Institut zu Hamburg; Direktor: Prof. Dr. D u n b a r; Abteilungsvorsteher: Prof. Dr. K i ste r . Sonderabdruck aus „Chemiker-Zeitung" 1912, Nr. 106.

[2] Zeitschr. f. angew. Chemie 1909, Bd. 22, S. 435—436. Chem.-Ztg. Rep. 1909, S. 256.

[3] Ebenda 1909, Bd. 22, S. 2038—2040, 2236—2238. Chem.-Ztg. Rep. 1909, S. 606, 658.

[4] Ebenda 1910, Bd. 23, S. 2025—2029. Chem.-Ztg. Rep. 1910, S. 602.

jetzt die Brauchbarkeit eines Wassers als Trinkwasser nicht ohne weiteres herab, im Gegenteil erfreuen sich Wässer mit einem hohen Gehalt an Magnesiumkarbonat großer Beliebtheit, wie z. B. Apollinariswasser usw. Ist dagegen das Magnesium als Chlormagnesium oder Magnesiumsulfat in größeren Mengen im Wasser vorhanden, so kann dadurch der Geschmack in so unangenehmer Weise beeinflußt werden, daß solche Wässer für Trinkzwecke nicht mehr brauchbar sind. Beim Elbwasser muß für die permanente Magnesiahärte in erster Linie Chlormagnesium in Frage kommen, da die Kaliindustrie ihre Abwässer in die Elbe leitet und die Kalienblaugen in einem Kubikmeter etwa 400 kg Chlormagnesium enthalten, wohingegen der Gehalt an Magnesiumsulfat nur etwa 10% davon beträgt. — Für meine Versuche wurden zunächst drei Wässer, die sich nach den Analysen als alkalische Säuerlinge charakterisierten, von 1000 auf 250 ccm eingekocht. Es wurde dann das noch in Lösung vorhandene Kalzium- und Magnesiumkarbonat bestimmt und die für diese in Betracht kommenden Kubikzentimeter $n/_{10}$-Schwefelsäure von der bei der Alkalitätsbestimmung der Restflüssigkeit verbrauchten Schwefelsäure in Abzug gebracht. Die für die alkalischen Erden verbrauchten Kubikzentimeter $n/_{10}$-Schwefelsäure werden gefunden, indem man die ermittelten Milligramme CaO und MgO durch 2,8 bzw. durch 2,0 dividiert. Die Befunde befinden sich auf Tabelle II. Die in den Wässern vorhandenen Mengen an Alkalikarbonaten entsprechen auf 1 l 6,27, 14,4 und 146,1 ccm $n/_{10}$-Schwefelsäure.

Ferner kochte ich eine Reihe von Wässern mit höherer, permanenter Härte, wie oben angegeben, ein und differenzierte die Karbonat- und Nichtkarbonathärte des Magnesiums einerseits nach dem Befunde der Kalkresthärte, indem ich diese von dem Gesamtkalkgehalt in Abzug brachte. Der so als Karbonathärte für Kalk übrigbleibende Anteil wurde durch 2,8 dividiert, wodurch ich die für Kalk bei der Alkalitätsbestimmung verbrauchte Menge an $n/_{10}$-Schwefelsäure finden mußte. Beim Abzug dieser von dem Gesamtschwefelsäureverbrauch mußten die übrigen Kubikzentimeter $n/_{10}$-Schwefelsäure mit 2 multipliziert die im Wasser vorhandene Karbonathärte des Magnesiums als MgO ergeben. Anderseits wurde die Differenzierung der Magnesiahärte direkt aus der Magnesiaresthärte durch Abzug dieser von der Gesamtmagnesiahärte ermittelt. Die Ergebnisse sind auf Tabelle III wiedergegeben. Diese zeigen eine verhältnismäßig gute Übereinstimmung. Abgesehen davon, daß sie nur als Näherungswerte gelten können, da die geringen Alkalitäten, die die Wässer nach dem Einkochen von 1000 auf 250 ccm noch zeigten, nicht berücksichtigt wurden, so würde auch noch der Einwand dagegen erhoben werden können, daß ihre Genauigkeit durch Umsetzungen der Salze unter sich in Frage gestellt wäre. Ich stellte infolgedessen noch einen Versuch an, indem ich ein Wasser, welches einen Gehalt an Alkalikarbonaten aufwies, mit einem Wasser mit reichlich vorhandener permanenter Härte zu gleichen Teilen mischte. Hierzu verwendete ich Hamburger Grundwasser und Elbwasser. Die Wässer wurden zunächst einzeln eingekocht und außerdem je 500 ccm miteinander vermischt und dann eingekocht. Da im Elbwasser neben Magnesiumkarbonat reichlich permanente Kalk- und Magnesiahärte vorhanden war, das Grundwasser dagegen die Härtebildner bei dem Überschuß an Alkalikarbonaten nur als Karbonate enthalten kann, so war anzunehmen, daß beim Einkochen des Mischwassers in erster Linie eine Umsetzung der vorhandenen Alkalikarbonate mit der permanenten Härte im Elbwasser stattfinden, und daß nötigenfalls auch die im Elbwasser vorhandene permanente Kalkhärte sich mit dem Magnesiumkarbonat im Grundwasser umsetzen würde unter Bildung von permanenter Magnesiahärte. Wenn man die Ergebnisse auf Tabelle IV ansieht, so zeigt sich, daß die Alkalikarbonate verschwunden waren, daß aber die permanente Kalkhärte nicht verringert war, also eine Umsetzung mit dem Natriumkarbonat bzw. Magnesiumkarbonat nicht stattgefunden hatte. Dagegen hatte die Karbonathärte des Magnesiums zugenommen und die Nichtkarbonathärte des Magnesiums abgenommen, woraus man schließen muß, daß nur eine Umsetzung der permanenten Magnesiahärte mit den Alkalikarbonaten stattgefunden hatte. Nach diesen Befunden scheinen bei Wässern, die keine Alkalikarbonate enthalten, die nötigenfalls in Frage kommenden Umsetzungen so gering zu sein, daß sie bei der oben ausgeführten Berechnung bzw. Differenzierung der Karbonat- und Nichtkarbonathärte des Magnesiums nicht so sehr in Frage kommen dürften, und daß die auf die obige Weise gefundenen Werte für die Praxis als befriedigend gelten können. Ferner zeigen die Befunde, daß das Elbwasser vor dem Zufluß der Saale keine permanente Magnesiahärte enthält, wohingegen das Saalewasser einen Gehalt von etwa 350 mg als MgO im Liter aufweist. Zu diesen Befunden (siehe Tabelle III Nr. 3 und 8) möchte ich bemerken, daß mir nur wenig Wasser zur Verfügung stand, so daß ich für meine Versuche das Saalewasser auf ein Viertel und das Oberelbwasser auf die Hälfte verdünnen mußte. Infolgedessen stellten sich die Alkalitätsbefunde der von 1000 auf 250 ccm eingekochten Wässer sehr hoch, diese würden natürlich niedriger ausgefallen sein, wenn die Wässer unverdünnt eingekocht wären. Diese anormale Höhe war durch die immer verbleibenden kleinen Mengen Kalzium- und Magnesiumkarbonat hervorgerufen, die, mit 4 bzw. 2 multipliziert, die hohe Alkalität ergaben. Normalerweise ist die Alkalität so gering, daß für ein Liter gewöhnlich nur 1—2 ccm n/₁₀-Schwefelsäure verbraucht werden. Nur bei Wässern, die einen geringen Salzgehalt aufweisen, wie Nr. 8 auf Tabelle III, fällt die Alkalität in den ausgekochten Wässern höher aus, was seinen Grund darin hat, daß in salzarmen Wässern Kalziumkarbonat löslicher ist als in salzreichen, in welch letzteren, wie ich schon oben erwähnte, oft nur Spuren gelöst bleiben. In solchen Sonderfällen müssen die aus der Kalkresthärte berechneten Mengen von Magnesiumkarbonat natürlich zu hoch ausfallen. Diese Überlegungen sind bei den jeweiligen Wässern erforderlich.

Schlußfolgerungen. Meine Versuche haben also ergeben, daß beim Einkochen von Wässern von 1000 auf 250 ccm die Karbonathärte bis auf sehr geringe Mengen zur Ausfällung kommt. Werden die Wässer nur eine halbe Stunde unter Wiederauffüllen mit destilliertem Wasser gekocht, dann verbleibt, wie aus den Tabellen ersichtlich ist, eine hohe Alkalität, die auf die verhältnismäßig große Löslichkeit des Magnesiumkarbonates in kohlensäurefreiem Wasser zurückzuführen ist. Bei alkalischen Säuerlingen läßt sich der wirkliche Gehalt an Alkalikarbonaten ermitteln, wenn man bei der Alkalitätsbestimmung des von 1000 auf 250 ccm eingekochten Wassers von den verbrauchten Kubikzentimetern n/₁₀-Schwefelsäure die für die bleibenden Kalzium- und Magnesiumverbindungen berechneten Mengen an Schwefelsäure in Abzug bringt, die gefunden werden, wenn die Befunde an CaO durch 2,8 und die an MgO durch 2 dividiert werden. Bei diesen Wässern kann die Menge an Alkalikarbonaten natürlich auch, ohne die Wässer einzukochen, aus den Gesamtbefunden an CaO und MgO und der Alkalität ermittelt werden. Bei Wässern, die keine Alkalikarbonate enthalten, sind die beim Einkochen in Betracht kommenden Umsetzungen im allgemeinen so geringe, daß man aus den Resthärten an CaO und MgO eine Differenzierung der Karbonat- und Nichtkarbonathärte in der oben angegebenen Weise vornehmen kann. Die so gefundenen Werte müssen als approximative, aber praktisch als brauchbare bezeichnet werden.

Tabellen.

Tabelle I.

Lfd. Nr.	Art des Wassers	Gesamtgehalt an		Alkalität: Verbrauch an $n/_{10}$-H_2SO_4 für 1 l	Alkalität: Verbrauch an $n/_{10}$-H_2SO_4 für 1 l nach ¹/₂ stünd. Kochen und Wiederauffüllen mit dest. Wasser
		Ca O	Mg O		
		mg in 1 l	mg in 1 l	ccm	ccm
1	} Hamburger Leitungswasser . . . . . . {	70,0	18,72	25,0	9,0
2		66,6	19,44	24,0	8,0

Tabelle II.

Lfd. Nr.	Art des Wassers	Gesamtgehalt an		Alkalität: Verbrauch an $n/_{10}$-H_2SO_4 für 1 l	Alkalität: Verbrauch an $n/_{10}$-H_2SO_4 für 1 l nach ¹/₂ stünd. Kochen und Wiederauffüllen mit dest. Wasser
		Ca O	Mg O		
		mg in 1 l	mg in 1 l	ccm	ccm
1	Tiefbrunnen 85,9—91,9 m tief	64,0	15,12	45,0	20,0
2	Hamburger Grundwasser	77,5	14,4	39,0	8,0
3	Podebrader Mineralwasser (Badquelle)	368,0	167,0	356,0	198,0

Tabelle III.

Lfd. Nr.	Art des Wassers	Gesamtgehalt an		Alkalität: Verbrauch an $n/_{10}$-H_2SO_4 für 1 l	Alkalität: Nach ¹/₂ stünd. Kochen und Wiederauffüllen mit dest. Wasser Verbrauch an $n/_{10}$-H_2SO_4 für 1 l
		Ca O	Mg O		
		mg in 1 l	mg in 1 l	ccm	ccm
1	Hamburger Leitungswasser	76,0	48,1	22,0	8,0
2	Elbwasser	85,0	43,2	21,0	14,0
3	Saalewasser bei Calbe 1 : 4 mit destill. Wasser verdünnt	98,0	103,7	12,0	9,5
4	Werte von 3 mit 4 multipliziert	392,0	414,8	48,0	38,0
5	Brunnenwasser, Tiefe 74,35—74,85 m .	336,0	216,7	67,5	14,0
6	Brunnenwasser, Tiefe 10,4—12,4 m . .	172,0	88,6	46,0	12,0
7	Brunnenwasser, Tiefe 11,8—13,8 m . .	176,0	109,4	47,0	13,0
8	Elbwasser unterhalb Dresdens 1 : 2 mit dest. Wasser verdünnt	24,0	7,2	8,5	8,0
9	Werte von 8 mit 2 multipliziert	48,0	14,4	17,0	16,0

Tabelle IV.

Lfd. Nr.	Art des Wassers	Gesamtgehalt an		Alkalität: Verbrauch an $n/_{10}$-H_2SO_4 für 1 l	Alkalität: Nach ¹/₂ stünd. Kochen und Wiederauffüllen mit dest. Wasser Verbrauch an $n/_{10}$-H_2SO_4 für 1 l
		Ca O	Mg O		
		mg in 1 l	mg in 1 l	ccm	ccm
1	Hamburger Grundwasser	80,0	14,4	39,0	16,5
2	Elbwasser	104,0	59,0	23,0	10,0
3	Mischung von 1 und 2 zu gleichen Teilen	94,0	38,9	31,0	11,0
4	Hamburger Grundwasser	80,0	14,4	38,0	16,0
5	Elbwasser	106,0	62,6	24,0	10,0
6	Mischung aus 4 und 5 zu gleichen Teilen	92,0	37,4	31,0	13,0

Anlage 1.

Tabelle I.

1000 ccm auf 250 ccm eingekocht und nach dem Erkalten filtriert			Karbonathärte des Magnesiums als MgO; mg in 1 l berechnet aus der		Nichtkarbonathärte des Magnesiums als MgO; mg in 1 l berechnet aus der	
CaO mg in 1 l	MgO mg in 1 l	Alkalität: Verbrauch an $n/_{10}$-H_2SO_4 ccm	CaO Resthärte	MgO Resthärte	CaO Resthärte	MgO Resthärte
22,5	6,9	2,25	16,0	11,82	2,72	6,9
26,67	4,2	2,25	19,9	15,24	0	4,2

Tabelle II.

1000 ccm Wasser auf 250 ccm eingekocht und nach dem Erkalten filtriert			Alkalikarbonatgehalt, entsprechend ccm $n/_{10}$-H_2SO_4 für 1 l	SO_3 mg in 1 l
CaO	MgO	Alkalität: Verbrauch an $n/_{10}$-H_2SO_4 ccm		
0	1,25 = 0,6 $n/_{10}$-H_2SO_4	15,0	14,4	0
0,6 = 0,21 $n/_{10}$-H_2SO_4	0,45 = 0,22 $n/_{10}$-H_2SO_4	6,5	6,27	5,1
0	1,8 = 0,9 $n/_{10}$-H_2SO_4	147,0	146,1	64,0

Tabelle III.

1000 ccm Wasser auf 250 ccm eingekocht und nach dem Erkalten filtriert			Karbonathärte des Magnesiums als MgO mg in 1 l berechnet aus der		Nichtkarbonathärte des Magnesiums als MgO mg in 1 l berechnet aus der		Alkalikarbonatgehalt, entsprechend $n/_{10}$-H_2SO_4 für 1 l ccm	SO_3 mg in 1 l
CaO mg in 1 l	MgO mg in 1 l	Alkalität: Verbrauch an $n/_{10}$-H_2SO_4 ccm	CaO Resthärte	MgO Resthärte	CaO Resthärte	MgO Resthärte		
37,5	28,0	1,0	16,5	20,1	31,5	28,0	0	57,6
51,25	26,3	1,75	17,9	16,9	25,3	26,3	0	66,6
88,75	84,6	1,4	17,4	19,1	86,3	84,6	0	101,5
355,0	338,4	5,6	69,6	76,4	345,2	338,4	0	406,0
196,9	179,8	1,25	35,6	36,9	181,1	179,8	0	6,9
103,75	40,95	1,25	43,2	47,65	45,4	40,95	0	6,9
95,0	72,0	1,0	36,0	37,4	73,4	72,0	0	0
16,25	0,45	2,75	11,4	6,75	0	0,45	0	14,6
32,5	0,9	5,5	22,8	13,50	0	0,9	0	29,2

Tabelle IV.

1000 ccm Wasser auf 250 ccm eingekocht und nach dem Erkalten filtriert			Karbonathärte des Magnesiums als MgO mg in 1 l berechnet aus der		Nichtkarbonathärte des Magnesiums als MgO mg in 1 l berechnet aus der		Alkalikarbonatgehalt, entsprechend $n/_{10}$-H_2SO_4 für 1 l ccm	SO_3 mg in 1 l
CaO	MgO	Alkalität: Verbrauch an $n/_{10}$-H_2SO_4 ccm	CaO Resthärte	MgO Resthärte	CaO Resthärte	MgO Resthärte		
3,1	1,35	6,25	14,4	14,0	—	—	5,05	6,9
66,2	38,4	1,75	19,0	20,6	40,0	38,4	0	83,7
33,7	14,85	1,75	19,9	24,05	19,0	14,85	0	42,5
0,6	1,35	6,0	14,4	14,4	—	—	5,1	5,1
65,6	41,4	1,5	19,2	21,2	43,4	41,4	0	84,9
33,6	14,85	1,5	20,3	22,55	17,1	14,85	0	48,0

Anlage 2

zum Gutachten von Prof. Dr. Dunbar.

Ergebnisse der chemischen Untersuchung von Flußwasserproben, entnommen in der Zeit von Juli bis Dezember 1912.

Ort der Entnahme	Tag	Abdampf- rückstand mg im l	Schwe- felsäure mg SO₄ im l	Chlor mg im l	Magnesiahärte ° d. H.			Kalkhärte ° d. H.			Ge- samt- härte ° d. H.	Oxydier- barkeit mg Kalium- permanganat- verbrauch pro l	Sauer- stoffsät- tigung %
					Perma- nente Magne- siahärte	Kar- bonat- Ma- gnesia- härte	Zu- sammen	Perma- nente Kalk- härte	Kar- bonat- Kalk- härte	Zu- sammen			
a) Elbgebiet.							**Juli 1912.**						
Elbe.	Juli												
Oberhalb Melnik . .	6.	217,0	36,2	14,0	0,08	1,47	1,55	1,75	3,05	4,80	6,4	31,4	116,0
Unterhalb Melnik .	6.	210,2	35,5	12,0	0,06	1,28	1,34	1,83	1,77	3,60	4,9	30,1	—
Dresden	4.	204,0	43,1	18,0	0,31	1,19	1,50	1,67	2,41	4,08	5,6	40,3	99,0
Roßlau	4.	200,4	42,4	16,0	0,02	1,37	1,39	2,42	1,54	3,96	5,4	47,6	79,4
Tochheim	5.	205,4	44,2	20,0	0,04	1,47	1,51	2,92	0,48	3,40	4,9	39,8	96,3
Tangermünde . . .	9.	561,0	76,2	188,0	1,80	3,28	5,08	5,62	0	5,62	10,7	48,4	115,7
Wittenberge . . .	9.	474,0	71,2	148,0	1,89	2,06	3,95	4,33	2,27	6,60	10,6	45,1	—
Hamburg	14.	502,0	66,8	154,0	2,13	2,32	4,45	4,00	1,74	5,74	10,2	33,1	98,0
Moldau.													
Melnik	6.	134,6	20,3	14,0	0,04	1,09	1,13	1,83	0,53	2,36	3,5	64,7	·
Mulde.													
Dessau	4.	185,4	55,0	18,0	0,26	1,17	1,43	2,25	0,57	2,82	4,3	35,8	92,3
Saale.													
Jena	6.	211,6	60,5	16,0	0,10	1,87	1,97	3,58	1,42	5,00	7,0	85,0	79,8
Weißenfels	9.	1395,0	267,6	358,0	15,39	3,51	18,90	12,83	5,17	18,00	36,9	66,0	—
Kl.-Rosenburg . . .	5.	2941,0	257,8	1260,0	22,77	3,09	25,86	15,50	4,70	20,20	46,1	68,4	98,2
Unstrut.													
Sachsenburg	7.	1050,8	421,4	92,0	7,14	3,00	10,14	15,33	8,07	23,40	33,5	24,2	175,6
Kl. Jena	6.	2140,4	454,1	700,0	29,54	5,89	35,43	20,50	4,00	24,50	59,9	28,8	199,2
Wipper (Unstrut).													
Bernterode	8.	596,6	204,1	16,0	2,86	3,38	6,24	8,42	8,18	16,60	22,8	20,9	92,2
Sachsenburg	7.	3467,6	634,7	1340,0	72,93	5,95	78,88	24,33	8,17	32,50	111,4	33,3	152,7
Bode.													
Oschersleben . .	5.	356,0	83,3	42,0	0,24	2,18	2,42	5,08	4,14	9,22	11,6	26,4	94,1
Nienburg	5.	7883,6	703,8	3600,0	120,44	10,60	131,04	22,00	0	22,00	153,0	42,1	101,1
							September 1912.						
Elbe.	Sept.												
Tochheim	15.	139,6	23,3	16,0	0,20	1,69	1,89	2,50	0,58	3,08	5,0	54,1	87,4
Hamburg	23.	360,0	49,2	112,0	0,54	2,89	3,43	4,00	0,40	4,40	7,8	35,2	96,0
Saale.													
Jena	18.	150,0	40,1	16,0	0,12	1,29	1,41	3,00	0,76	3,76	5,2	82,6	85,8
Grizehne	15.	1756,0	171,1	802,0	16,66	1,92	18,58	8,60	3,48	12,08	30,7	57,3	93,6
Ilm.													
Weimar	17.	245,2	66,8	16,0	0,82	1,38	2,20	3,40	4,32	7,72	9,9	16,0	84,7
Gr.-Heeringen . .	17.	1179,2	203,6	422,0	23,03	4,56	27,59	10,30	3,14	13,44	41,0	30,7	85,7
Unstrut.													
Mühlhausen . . .	18.	512,0	126,6	20,0	4,16	1,27	5,43	3,33	13,27	16,60	22,0	32,0	160,5
Gorsleben	19.	732,0	272,6	64,0	5,10	1,44	6,54	10,88	9,12	20,00	26,5	21,4	88,0
„ Lossakanal	19.	852,0	258,0	64,0	4,77	0,73	5,50	10,05	8,75	18,80	24,3	23,4	79,6
Heldrungen	19.	930,0	302,4	110,0	9,77	1,63	11,40	12,42	9,08	21,50	32,9	25,3	—
Kl. Jena	17.	1124,0	240,1	376,0	17,73	2,84	20,57	13,25	5,35	18,60	39,2	30,3	92,7
Wipper (Unstrut).													
Niederorschel . . .	18.	410,4	94,7	18,0	2,62	2,22	4,84	3,72	10,12	13,84	18,7	24,0	90,1
Sachsenburg	19.	1732,0	398,4	514,0	32,38	2,90	35,28	18,62	9,26	27,88	63,2	27,2	89,3
Elster.													
Beesen	17.	306,0	82,3	42,0	0,25	1,99	2,24	3,80	1,96	5,76	8,0	38,6	62,3

Ort der Entnahme	Tag	Abdampfrückstand mg im l	Schwefelsäure mg SO₄ im l	Chlor mg im l	Magnesiahärte ° d. H.			Kalkhärte ° d. H.			Gesamthärte ° d. H.	Oxydierbarkeit mg Kaliumpermanganatverbrauch pro l	Sauerstoffsättigung %
					Permanente Magnesiahärte	Karbonat-Magnesiahärte	Zusammen	Permanente Kalkhärte	KarbonatKalkhärte	Zusammen			
Salza.	Sept.												
Cöllme	16.	6629,2	817,1	3140,0	90,77	12,00	102,77	27,30	7,02	34,32	137,1	61,9	66,4
Salzmünde	16.	5092,0	647,2	2400,0	112,11	0,59	112,70	10,78	16,22	27,00	139,7	63,2	85,1
Schlenze.													
Friedeburg	16.	796,0	267,5	40,0	6,59	2,48	9,07	6,83	14,77	21,60	30,7	28,4	96,0
Schlüsselstollen . . .	16.	128460,0	3816,0	76000,0	146,70	14,00	160,70	144,00	0	144,00	304,7	—	—
Wipper (Bode).													
Bernburg	16.	1716,0	196,6	940,0	13,35	3,99	17,34	8,92	7,48	16,40	33,7	25,3	77,0
Bode.													
Nienburg	16.	2017,6	239,0	916,0	29,90	5,98	35,88	14,33	0,07	14,40	50,3	35,0	84,6
November 1912.													
Saale.	Nov.												
Jena	6.	151,2	34,9	16,0	0,30	1,56	1,86	2,72	1,00	3,72	5,6	78,0	—
Ilm.													
Mellingen	6.	193,2	52,4	18,0	0,20	1,76	1,96	3,15	2,89	6,04	8,0	48,7	94,6
Gr.-Heeringen . . .	4.	298,0	82,9	36,0	0,09	2,25	2,34	5,35	2,33	7,68	10,0	47,4	93,0
Lossa.													
Quellteich	5.	150,4	32,5	10,0	0,06	0,99	1,05	3,21	0,79	4,00	5,1	20,2	100,9
Billroda	5.	1538,0	104,3	708,0	10,18	4,84	15,02	12,63	1,77	14,40	29,4	72,7	79,2
Hardisleb.-Mannstedt	5.	1036,0	288,1	166,0	9,19	2,71	11,90	10,90	12,70	23,60	35,5	69,5	66,7
Leubingen	5.	1145,0	472,2	84,0	9,60	3,98	13,58	20,54	13,74	34,28	47,9	69,5	72,8
Unstrut.													
Sömmerda	5.	557,2	186,6	58,0	3,25	0,87	4,12	7,91	7,77	15,68	19,8	34,0	79,3
Kl. Jena	4.	1528,0	355,0	404,0	20,19	3,50	23,69	15,33	7,67	23,00	46,7	39,2	81,9
Wipper (Unstrut).													
Quelle in Worbis .	7.	280,0	20,5	9,0	0,52	1,09	1,61	1,83	10,17	12,00	13,6	24,3	87,8
Jakobsquelle daf.	7.	470,0	91,2	14,0	4,21	1,60	5,81	2,26	14,42	16,68	22,5	23,7	—
Sachsenburg . . .	5.	2125,6	436,3	760,0	39,30	5,11	44,41	20,72	8,16	28,88	73,3	41,1	0
Lache.													
Günstedt	5.	1160,0	481,2	32,0	9,71	2,58	12,29	19,00	14,90	33,90	46,2	102,4	0
Frankenh. Wipper.													
Esperstedt	5.	2820,0	360,0	1076,0	52,64	11,90	64,54	25,00	0	25,00	89,5	44,2	83,1
Helme.													
Oberröblingen . . .	5.	410,0	176,4	20,0	1,67	1,51	3,18	9,62	3,38	13,00	16,2	27,8	73,3
Wethau.													
Schönburg	4.	988,0	151,4	26,0	3,98	2,77	6,75	4,75	14,45	19,20	26,0	43,6	81,8
Rippach.													
Dehlitz	4.	600,0	115,2	52,0	2,00	3,84	5,84	3,67	13,93	17,60	23,4	142,0	65,1
Perfebach.													
Dürrenberg	4.	600,0	96,7	144,0	0,46	2,97	3,43	3,25	6,35	9,60	13,0	94,8	80,2
Luppe.													
Merseburg	4.	250,0	80,3	42,0	0,74	2,79	3,53	3,30	4,10	7,40	10,9	70,2	78,0
Elster.													
Beesen	4.	400,0	98,8	55,0	1,02	2,20	3,22	3,92	4,68	8,60	11,8	51,2	69,8
Süßer See.													
Seeburg	3.	1322,0	380,9	312,0	17,24	4,21	21,45	12,17	8,15	20,32	41,8	67,4	—
Salza.													
Salzmünde l. . .	3.	2588,0	472,3	732,0	29,41	9,50	38,91	11,58	22,52	34,10	73,0	359,4	—
„ r. . .	3.	2662,0	553,0	716,0	34,50	2,57	37,07	18,57	19,51	38,08	75,2	360,0	—
Schlenze.													
Friedeburg . . .	3.	840,0	267,6	45,0	6,11	3,16	9,27	7,13	14,75	21,88	31,2	30,4	85,6
Schlüsselstollen . . .	3.	146700,0	3980,4	83600,0	181,09	10,43	191,52	151,00	0	151,00	342,5	—	—
Fuhne.													
Bernburg	3.	1300,0	161,5	288,0	4,02	4,66	8,68	4,25	24,15	28,40	37,1	155,5	0

Ort der Entnahme	Tag	Abdampfrückstand mg im l	Schwefelsäure mg SO₄ im l	Chlor mg im l	Magnesiahärte ° d. H.			Kalkhärte ° d. H.			Gesamthärte ° d. H.	Oxydierbarkeit mg Kaliumpermanganatverbrauch pro l	Sauerstoffsättigung %
					Permanente Magnesiahärte	Karbonat-Magnesiahärte	Zusammen	Permanente Kalkhärte	Karbonat-Kalkhärte	Zusammen			
Wipper (Bode).	Nov.												
Bernburg	3.	639,2	143,2	108,0	3,70	3,08	6,78	5,07	8,45	13,52	20,3	51,8	89,9
Bode.													
Nienburg	3.	2924,0	363,7	1364,0	44,49	7,37	51,86	15,90	1,43	17,33	69,2	64,5	90,3

Nebenflüsse der Elbe unterhalb Magdeburgs.
Juli bis Oktober 1912.

Ort der Entnahme	Tag	Abdampfrückstand	Schwefelsäure	Chlor	Perm. Magn.	Karb. Magn.	Zus.	Perm. Kalk	Karb. Kalk	Zus.	Gesamthärte	Oxydierb.	Sauerst.
Havel.	Juli												
Havelberg	10.	326,0	51,4	58,0	0,34	1,44	1,78	2,58	5,52	8,10	9,9	42,5	119,0
Ohre.	Aug.												
Rogätz	20.	239,2	67,9	60,0	0,86	1,30	2,16	4,05	0,75	4,80	7,0	29,9	73,3
Jeetzel.													
Salzwedel	20.	286,4	35,8	58,0	0,09	0,89	0,98	2,89	4,99	7,88	8,9	36,0	75,6
Hitzacker	19.	362,4	34,6	99,0	0,46	1,78	2,24	3,55	4,09	7,64	9,9	31,5	96,8
Elbe.													
Eldena	19.	224,0	23,9	24,0	0,33	1,28	1,61	1,92	6,08	8,00	9,6	39,0	84,4
Dömitz	19.	234,0	25,6	24,0	0,43	1,39	1,82	2,08	6,00	8,08	9,9	39,0	81,7
Sude.													
Lübtheen	18	229,2	23,6	26,0	0,61	0,90	1,51	2,37	6,23	8,60	10,1	33,4	96,3
Boizenburg	18.	288,8	30,8	74,0	0,65	1,06	1,71	2,35	6,33	8,68	10,4	32,8	102,9
Rögnitz.													
Woosmer	19.	249,6	30,0	36,0	0,46	1,01	1,47	2,43	7,17	9,60	11,1	41,6	82,1
Jlmenau.	Sept.												
Hoopte	27.	285,6	30,5	68,0	0,41	1,10	1,51	2,25	4,15	6,40	7,9	14,5	—
Luhe.													
Stöckte	27.	169,2	23,3	17,0	0,10	0,91	1,01	1,75	1,65	3,40	4,4	80,8	—
Seeve.													
Wuhlenburg . . .	27.	201,2	24,7	50,0	0,22	1,56	1,78	2,50	1,30	3,80	5,6	19,3	—
Ohre.	Okt.												
Buchhorst	30.	250,0	55,6	42,0	0,06	0,85	0,91	4,67	1,93	6,60	7,5	53,4	85,4
Rogätz	29.	388,0	74,6	56,0	0,27	1,44	1,71	4,33	6,07	10,40	12,1	44,5	0
Sude.													
Hagenow	29.	286,0	63,1	30,0	0,01	1,19	1,20	3,00	6,60	9,60	10,8	50,9	103,7
Boizenburg	29.	363,6	39,2	88,0	0,06	1,55	1,61	2,90	5,86	8,76	10,4	52,2	91,4

b) Wesergebiet.   Juli bis Dezember 1912.

Ort der Entnahme	Tag	Abdampfrückstand	Schwefelsäure	Chlor	Perm. Magn.	Karb. Magn.	Zus.	Perm. Kalk	Karb. Kalk	Zus.	Gesamthärte	Oxydierb.	Sauerst.
Werra.													
Meiningen	7./11.	154,8	25,7	12,0	0,10	0,84	0,94	1,65	3,19	4,84	5,8	61,0	73,4
H.-Münden . . .	10./12.	1180,0	148,2	420,0	9,81	3,06	12,87	5,70	5,50	11,20	24,1	10,3	—
Fulda.													
H.-Münden . . .	9./10.	158,8	26,3	14,0	0,22	1,81	2,03	1,66	2,58	4,24	6,3	32,9	—
Leine.	Nov.												
Quelle i. Leinefelde .	7.	414,0	25,7	11,0	1,61	0,81	2,42	1,16	10,84	12,00	14,4	25,6	—
Leinefelde	7.	418,0	97,1	42,0	1,38	2,43	3,81	5,58	6,62	12,20	16,0	38,2	80,7
Hannover	8.	415,6	91,2	72,0	3,00	1,79	4,79	4,64	6,24	10,88	15,7	59,4	91,2
Oker.													
Oker	8.	128,0	37,1	14,0	0,15	1,31	1,46	3,00	0,20	3,20	4,7	47,4	101,9
Innerste.													
Langelsheim . . .	8.	118,4	45,2	8,0	0,15	1,01	1,16	2,69	0,15	2,84	4,0	46,1	—
Sarstedt	8.	512,4	97,8	108,0	3,80	2,11	5,91	5,20	6,96	12,16	18,1	51,8	89,0
Aller.													
Eilsleben	30./10.	818,0	142,7	93,0	2,46	4,29	6,75	6,90	14,70	21,60	28,4	92,3	0
Verden	8./11.	400,0	79,7	86,0	1,39	3,20	4,59	6,13	2,23	8,36	13,0	69,8	85,6
Weser.													
Bremen	3./7.	612,0	100,3	162,0	3,23	3,06	6,29	5,67	3,77	9,44	15,7	31,9	—

Verzeichnis der Tafeln.

Verlag von R. Oldenbourg, München und Berlin.

FULDA

MEININGEN

EISENACH

MÜNDEN

GÖTTINGEN

WEIMAR

JENA

NAUMBURG

WEISSENFELS

NORDHAUSEN

ASCHERSLEBEN

EISLEBEN

BERNBURG

HALLE

Neuhof-Fulda

Fulda

Werra

Weser

Leine

Unstrut

Saale

Ilm

Helme

Wipper

Bode

Elster

Unstrut

Dunbar, Abwässer der Kaliindustrie.

Tafel 1.

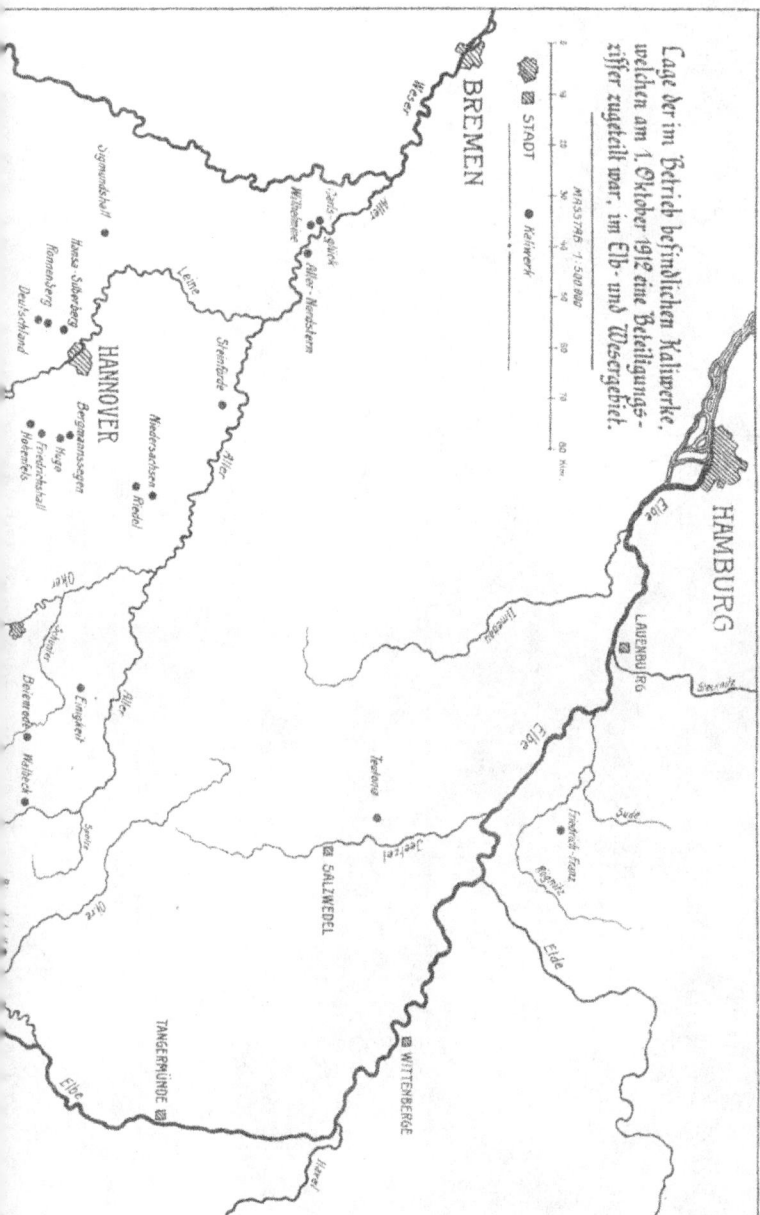

Lage der im Betrieb befindlichen Kaliwerke,
welchen am 1. Oktober 1912 eine Beteiligungs-
ziffer zugeteilt war, im Elb- und Wesergebiet.

MASSTAB 1:1.500.000

▨ STADT

● Kaliwerk

BREMEN

HANNOVER

HAMBURG

LAUENBURG

SALZWEDEL

WITTENBERGE

TANGERMÜNDE

Weser
Aller
Leine
Steinhude
Alter
Oker
Niedersachsen
Rhedel
Bergmannssegen
Hugo
Friedrichshall
Hohenfels
Siegmundshall
Hansa Silberberg
Ronnenberg
Deutschland
Weser-Hannoversche
Wilhelmine
Elbe
Jeetzel
Teetona
Sude
Rögnitz
Friedrich-Franz
Elde
Havel
Elbe
Beierstedt
Walbeck
Aller

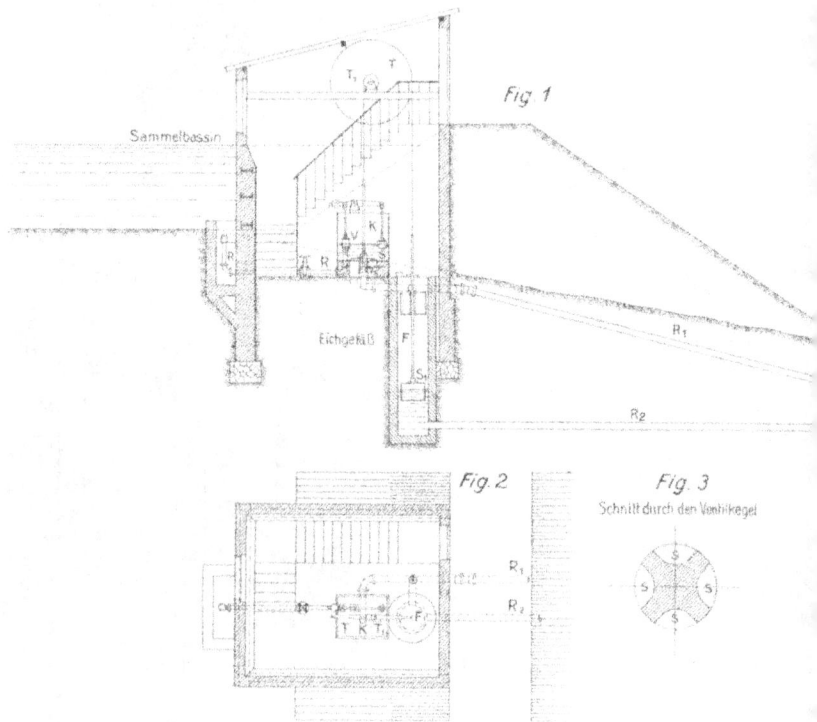

Fig. 1

Sammelbassin

Eichgefäß

R_1

R_2

Fig. 2

Fig. 3
Schnitt durch den Ventilkegel

R_1

R_2

Fig. 1-3

Abflußregulator nach Holopp

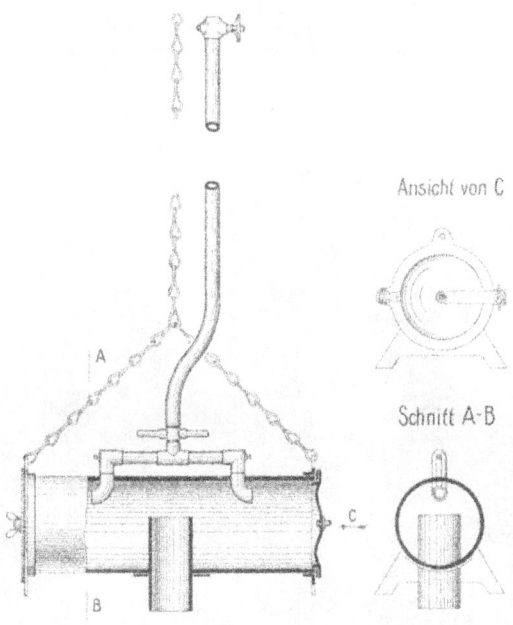

Ansicht von C

Schnitt A-B

Fig. 4

Dunbars Apparat für Grundprobenentnahme.

Zylinderform.

Verlauf der unterirdischen Jnundation
im Grasdorfer Gelände bei Leine-Hochwasser.

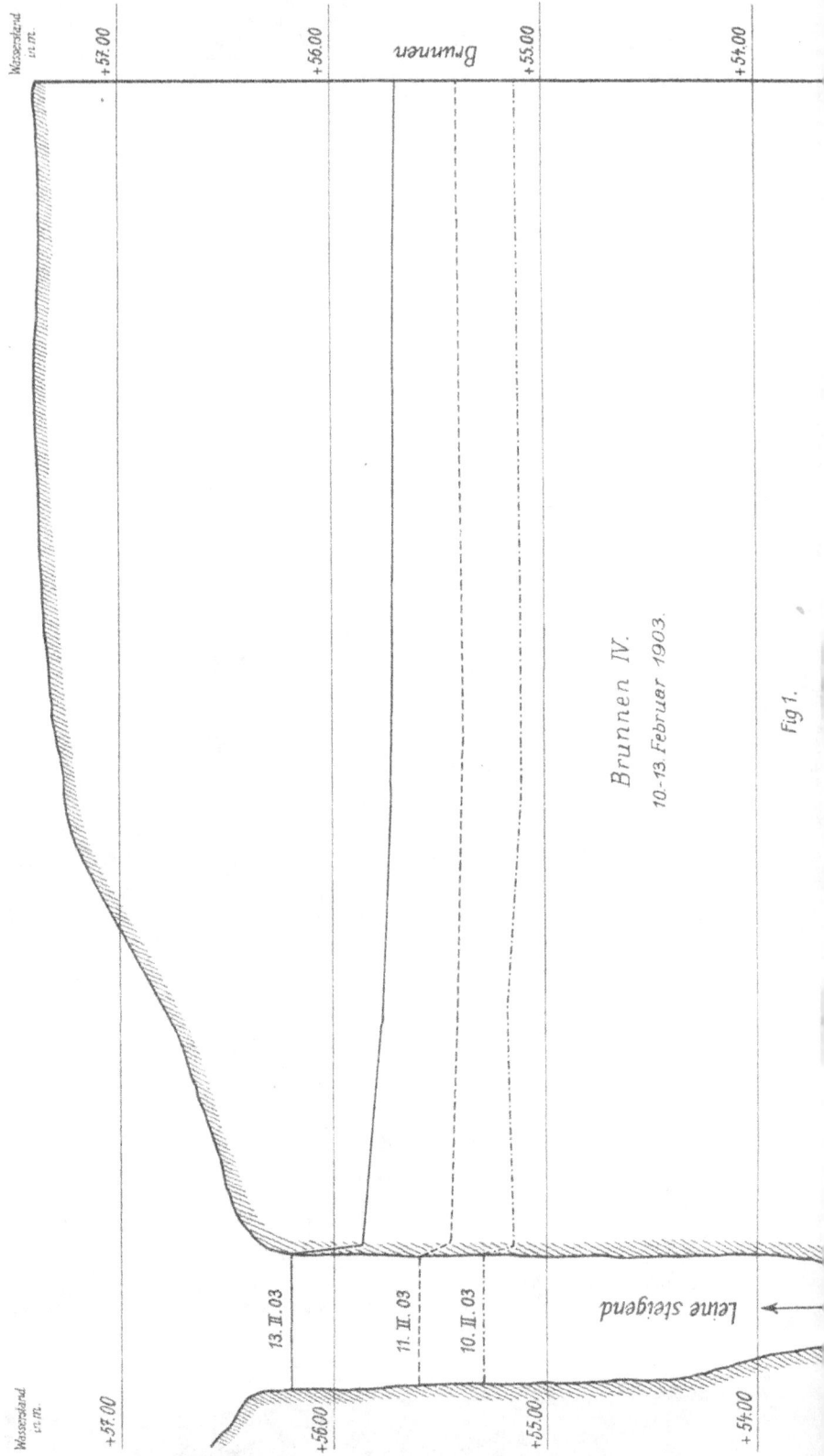

Wasserstand in m.

+ 57.00

+ 56.00

Brunnen

+ 55.00

+ 54.00

Brunnen IV.

10.–13. Februar 1903.

Fig 1.

Wasserstand in m.

+ 57.00

13. II. 03

+ 56.00

11. II. 03

10. II. 03

+ 55.00

Leine steigend

+ 54.00

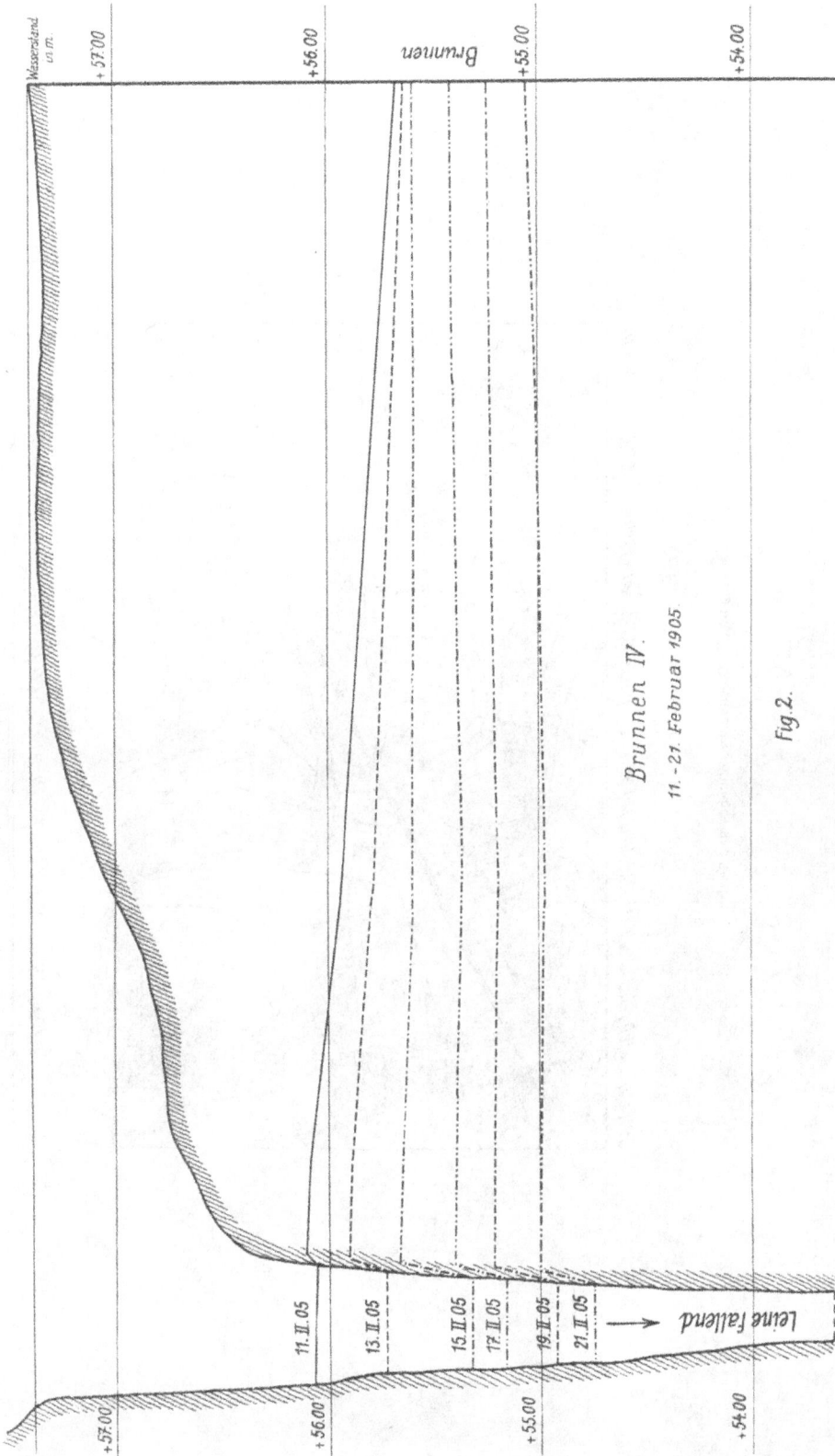

Brunnen IV.
11.-21. Februar 1905

Fig. 2.

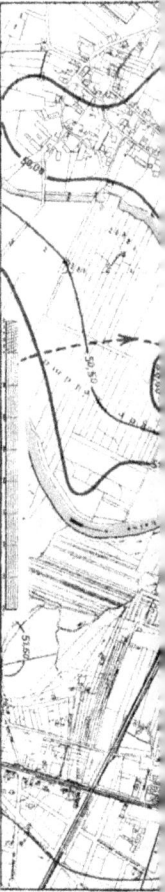

Grundwasserstand bei Hochwasser in der Leine bei Hannover.

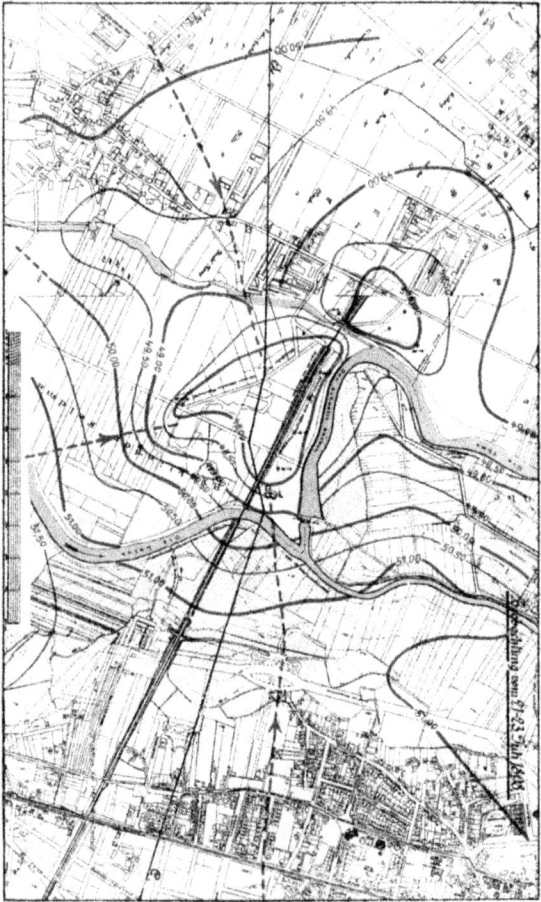

Fig. 2

Grundwasserstand, nachdem der Wasserstand der Leine bei Hannover wieder normal geworden war.

Fig. 3

Verlag von R. Oldenbourg, München und Berlin.

Dunbar, Abwässer der Kaliindustrie.

Tafel IV.

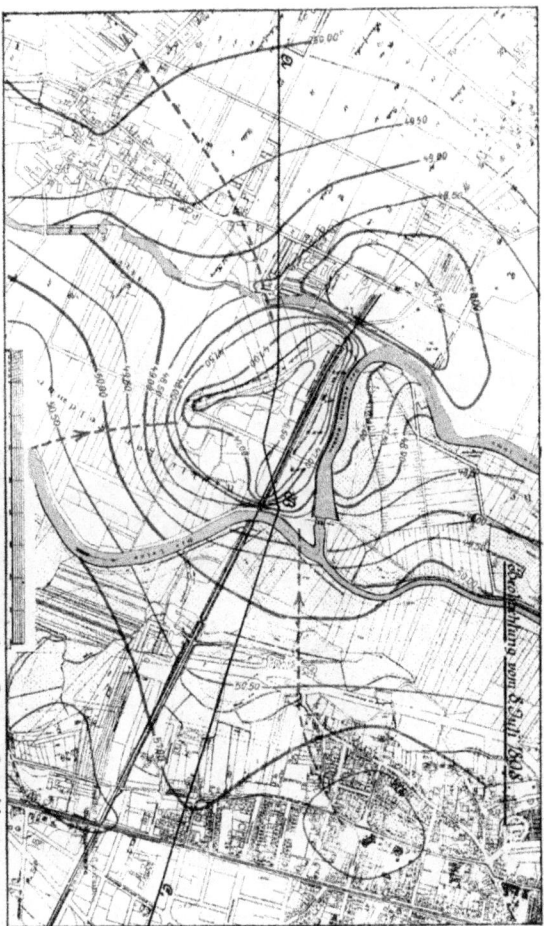

Grundwasserstand vor Eintritt von Hochwasser in der Leine bei Hannover.

Fig. 1

Was.

46
45
44
43
42m
1898   Juni   Juli   August

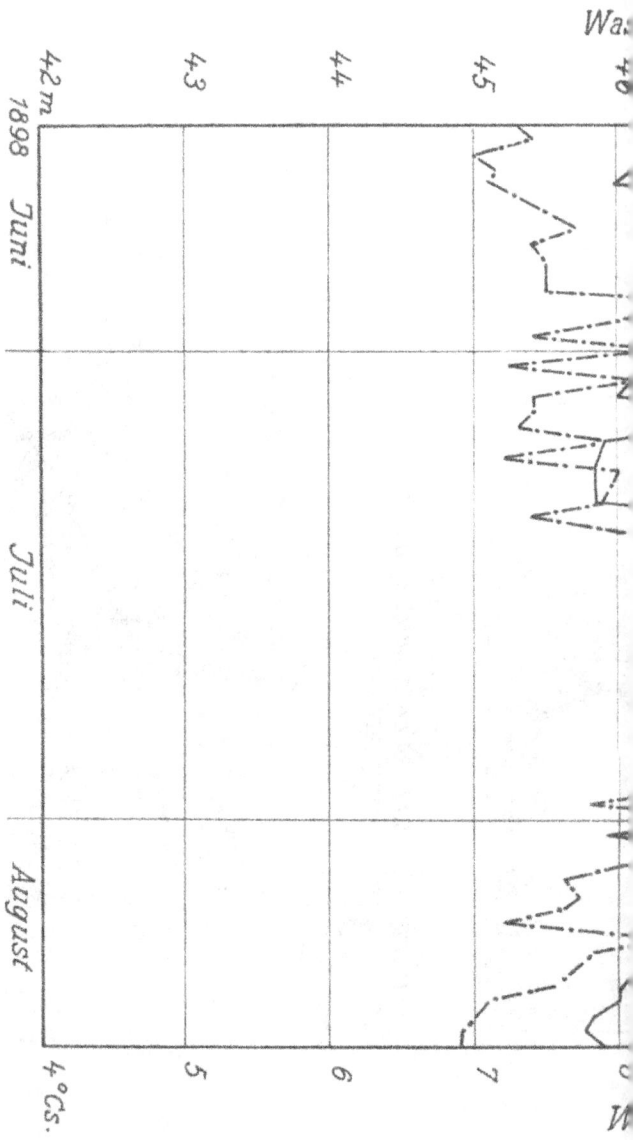

.... Oberwasserstand der Leine am Schnellengraben
———————— Wasserstände im Hauptbrunnen I
—··—··—··— Wasserstände im Hauptbrunnen II
— — — — — — Wärmegrade des Wassers in °Cs.

Verlag von R. Oldenbourg, München und Berlin.

4 °Cs.
5
6
7

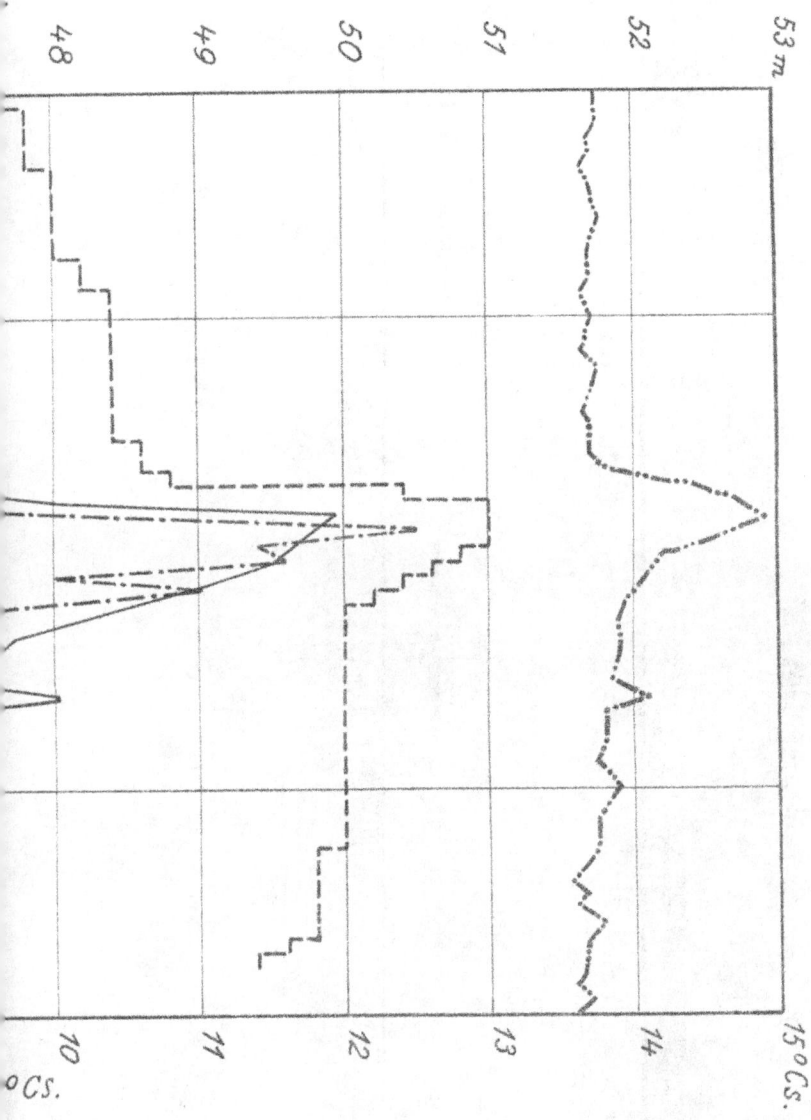

Dunbar, Abwässer der Kaliindustrie.

Tafel V.

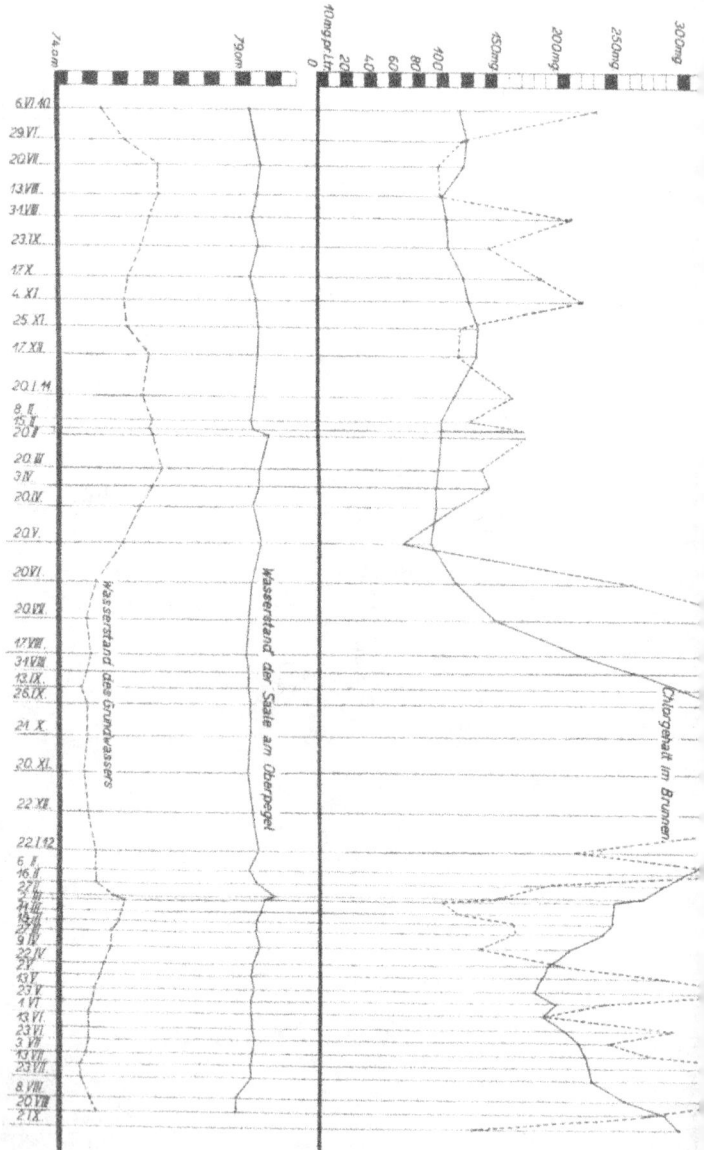

Wasserstand des Grundwassers

Wasserstand der Saale am Oberpegel

Chlorgehalt im Brunnen

74 cm

790 cm

100 mg/Ltr.
0
20
40
60
80
100
150 mg
200 mg
250 mg
300 mg

6.VI.40.
29.VI.
20.VII.
13.VIII.
31.VIII.
23.IX.
17.X.
4.XI.
25.XI.
17.XII.
20.I.41.
8.II.
15.II.
20.II.
20.III.
3.IV.
20.IV.
20.V.
20.VI.
20.VII.
17.VIII.
31.VIII.
13.IX.
28.IX.
24.X.
20.XI.
22.XII.
22.I.42.
6.II.
16.II.
2.III.
14.III.
15.III.
9.IV.
22.IV.
2.V.
13.V.
23.V.
1.VI.
13.VI.
23.VI.
3.VII.
13.VII.
23.VII.
8.VIII.
20.VIII.
2.IX.

Dunbar, Abwässer der Kaliindustrie.

Tafel VI.

Graphische Darstellung der chem. Untersuchungen
des Saalewassers und des Grundwassers aus Brunnen I, Heberleitung III.
(Pumpwerk in Beesen b Halle a S.)

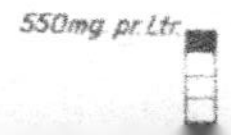

550mg pr.Ltr

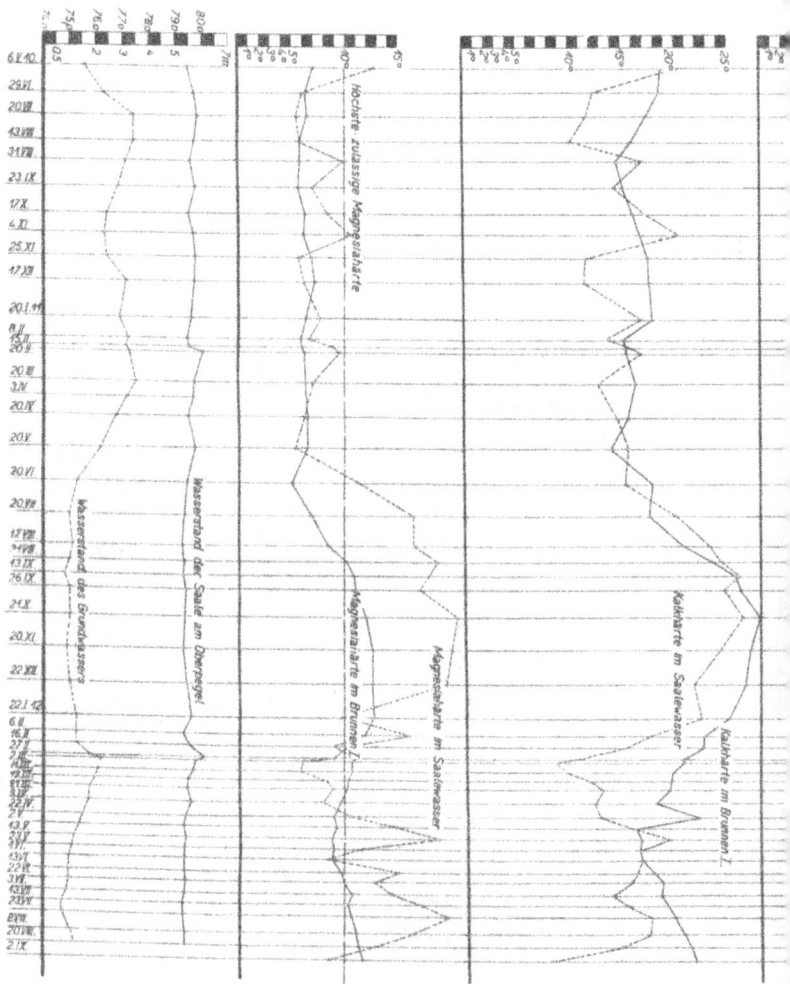

Berlag von R. Oldenbourg, München und Berlin.

Wasserstand des Grundwassers

Wasserstand der Saale am Überpegel

Höchste zulässige Magnesiahärte

Magnesiahärte im Brunnen L.

Magnesiahärte im Saalewasser

Kalkhärte im Saalewasser

Kalkhärte im Brunnen L.

Dunbar, Abwässer der Kaliindustrie.

Tafel VII.

Graphische Darstellung der chem. Untersuchungen
des Saalewassers und des Grundwassers aus Brunnen I, Heberleitung III,
(Pumpwerk in Beesen b. Halle a. S.)

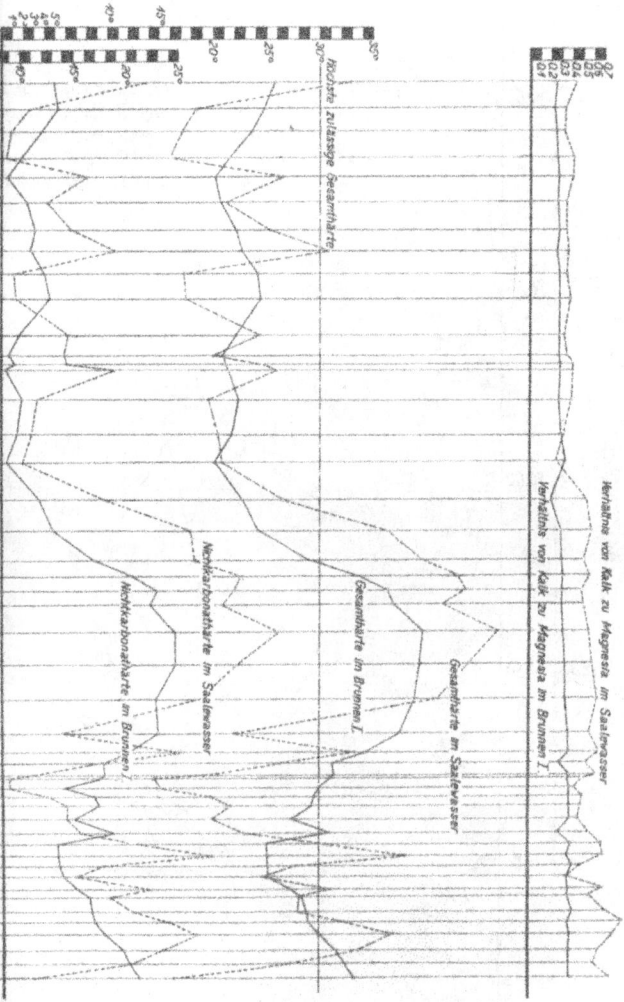

Höchste zulässige Gesamthärte

Nichtkarbonathärte im Saalewasser

Nichtkarbonathärte im Brunnen I

Gesamthärte im Brunnen I.

Gesamthärte im Saalewasser

Verhältnis von Kalk zu Magnesia im Brunnen I

Verhältnis von Kalk zu Magnesia im Saalewasser

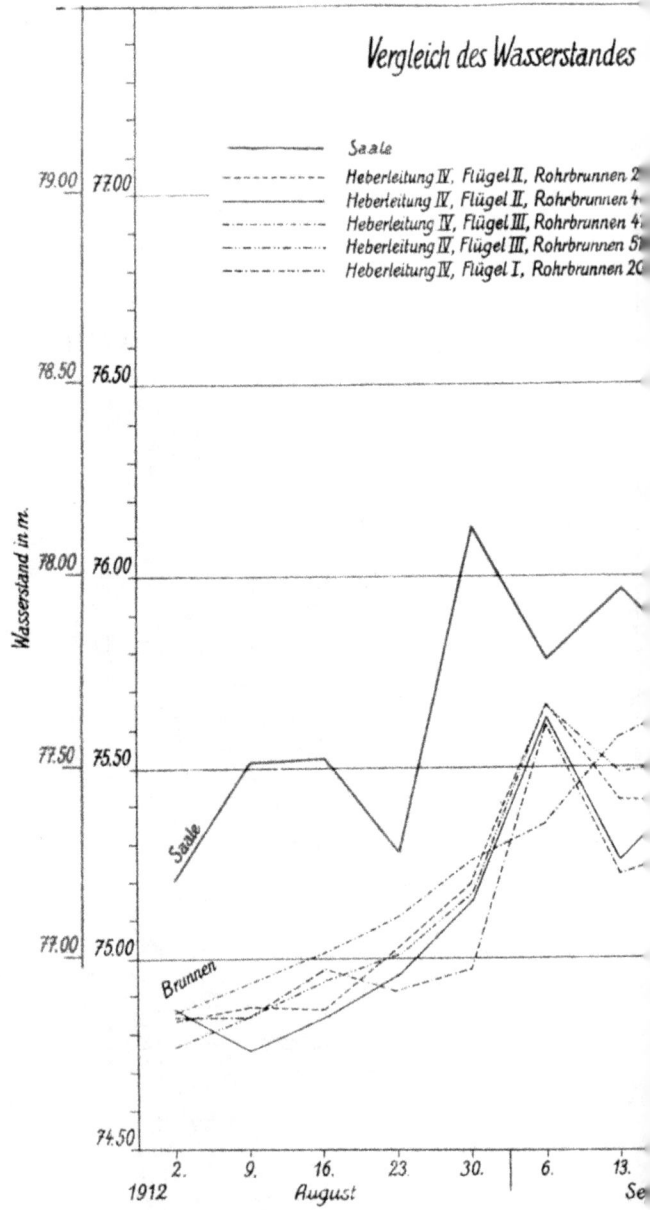

Vergleich des Wasserstandes

Saale
Heberleitung IV, Flügel II, Rohrbrunnen 2
Heberleitung IV, Flügel II, Rohrbrunnen 4
Heberleitung IV, Flügel III, Rohrbrunnen 4
Heberleitung IV, Flügel III, Rohrbrunnen 5
Heberleitung IV, Flügel I, Rohrbrunnen 20

Wasserstand in m.

79.00 77.00

78.50 76.50

78.00 76.00

77.50 75.50

77.00 75.00

74.50

Saale

Brunnen

2.   9.   16.   23.   30.   6.   13.
1912   August   Se

Verlag von R. Oldenbourg, München und Berlin.

runnen des Haller Wasserwerkes.

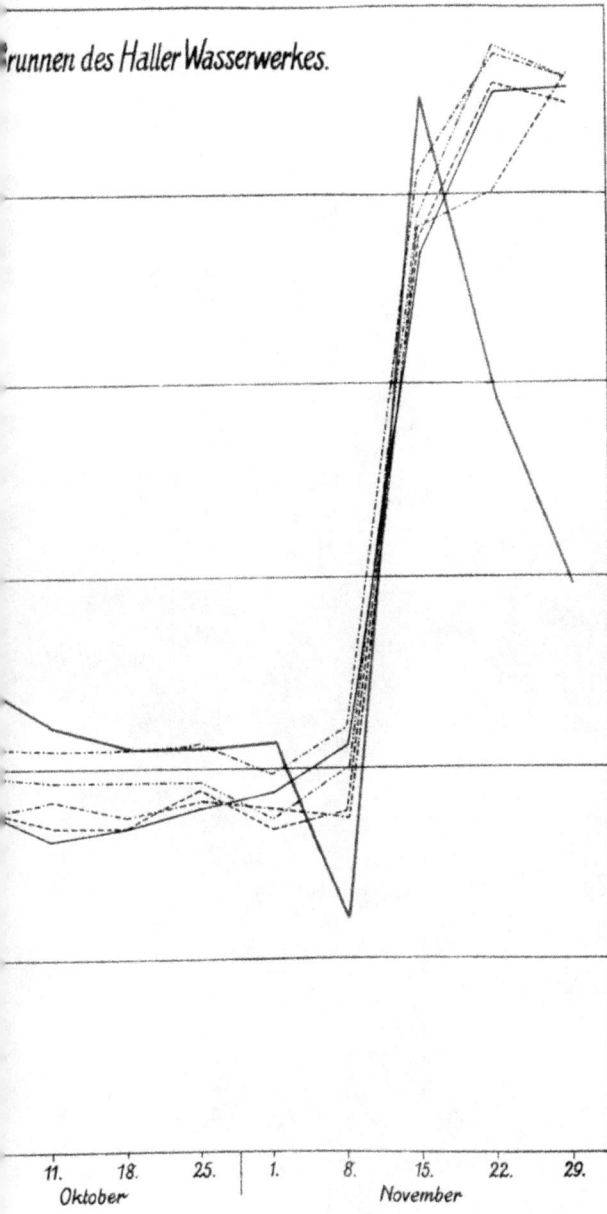

Dunbar, Abwässer der Kaliindustrie.

Tafel VIII.

11.　18.　25.　1.　8.　15.　22.　29.
Oktober　　　　November

Rohrbrunnen   *2*   *3*   *4*   *5*

Hochwasser am 15./11. 12.   + 79,24

Wasserstand in m
+ 79,00

Saale

Wasserstand am 1./11. 12.   + 77,57

+ 78,00

+ 76,00

+ 75,00

+ 73,00

Längen

0 10 20 30 40 50 60

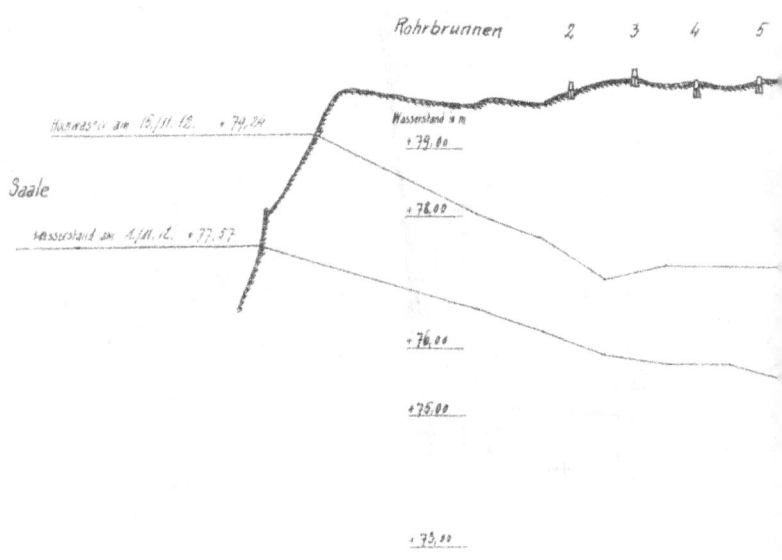

Verlag von R. Oldenbourg, München und Berlin.

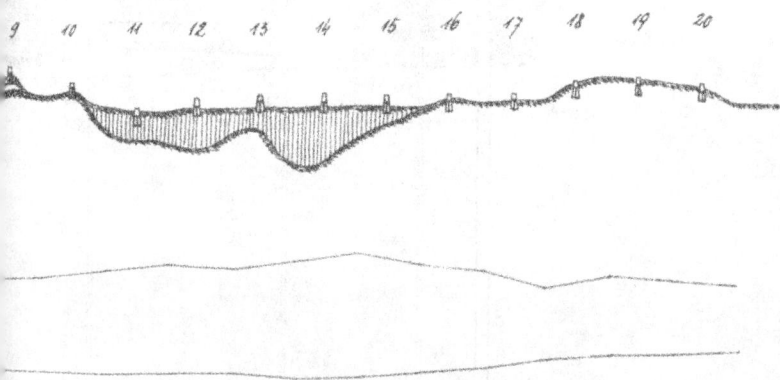

des Haller Wasserwerkes.

9 10 11 12 13 14 15 16 17 18 19 20

Dunbar, Abwässer der Kaliindustrie.

Höhen

0 1 2 3 4 5 m

Tafel IX.

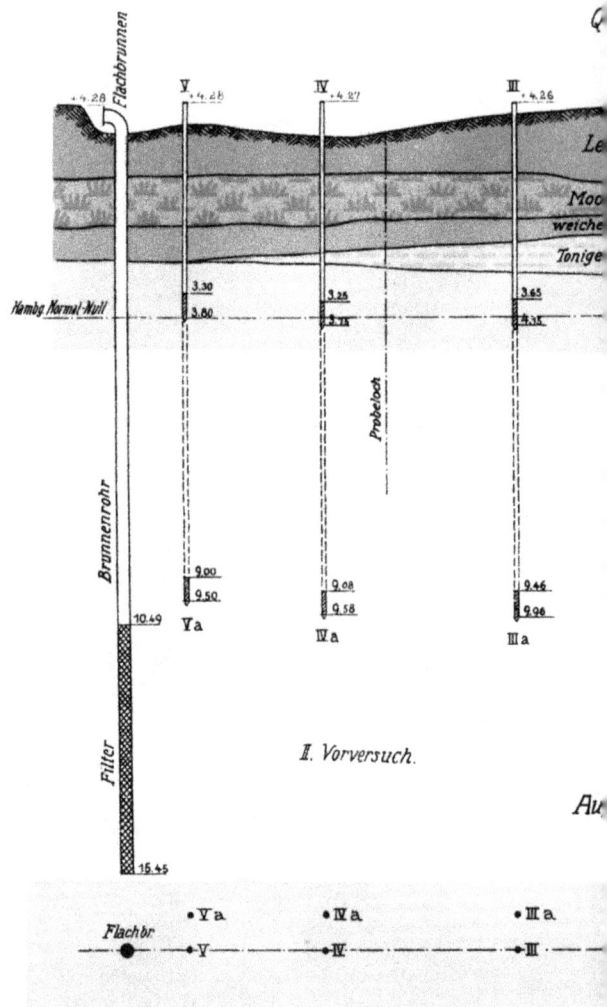

II. Vorversuch.

Verlag von R. Oldenbourg, München und Berlin.

Rohr im Graben

Schlamm und Sand
Sand
Ton und etwas Moor
Toniger Sand
Feiner Sand

I. 4.59

Probeloch

Probeloch

Probeloch

Probeloch

4.20

Ia 10.20
10.70

Maßstab

0 1 2 3 4 5 6 7 8 9 10 m

Ib 15.50
16.00

Ib

Ia

I

Rohr im Graben

Graben

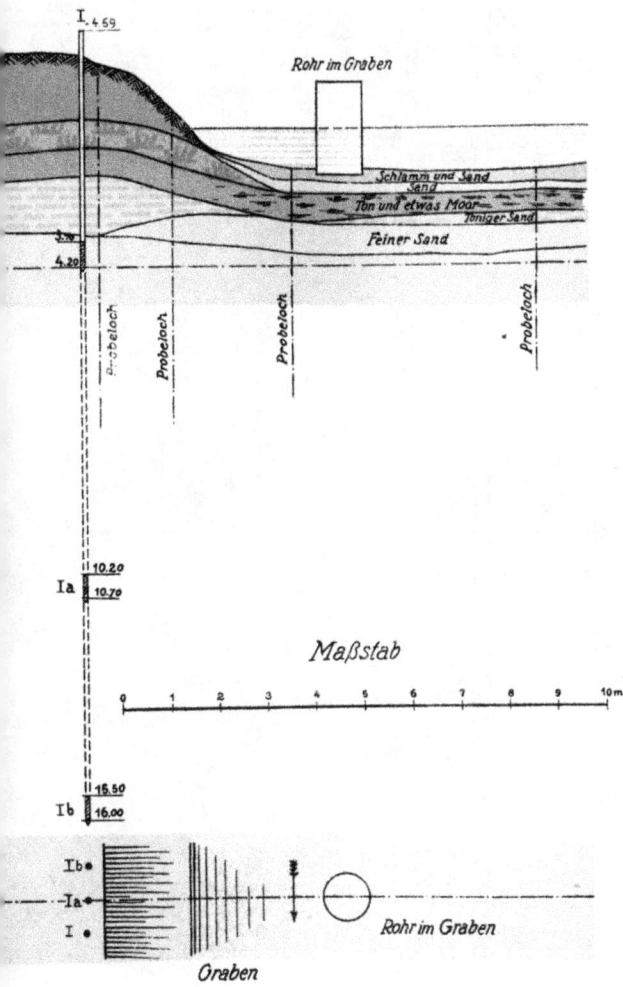

Dunbar, Abwässer der Kaliindustrie.

Tafel X.

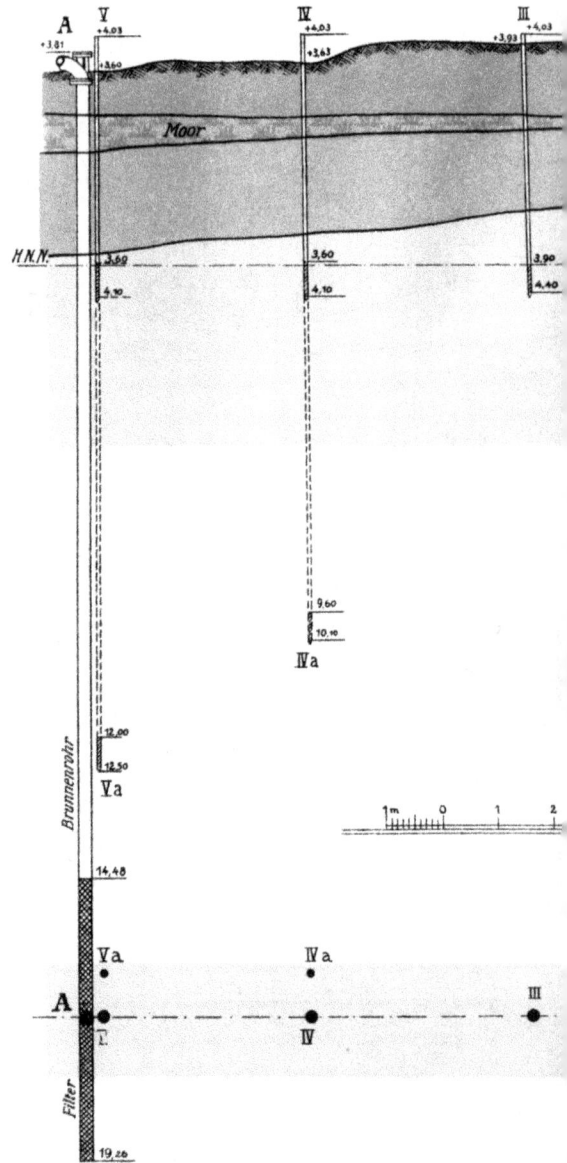

Zutritt von Oberflächenw

Dunbar, Abwässer der Kaliindustrie.

Tafel XI.

...sser. I. Hauptversuch.

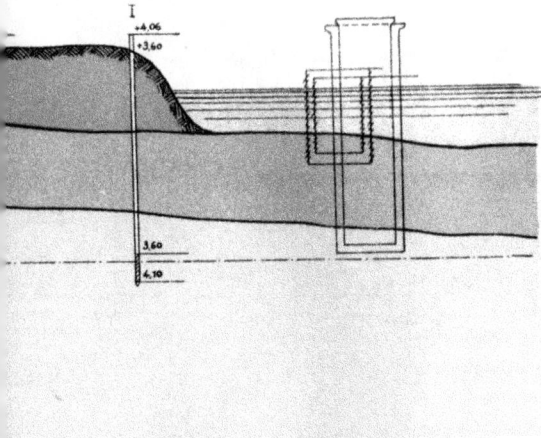

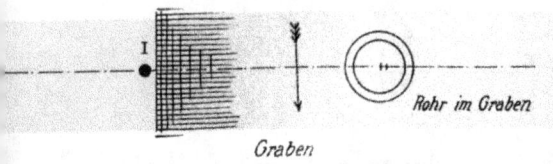

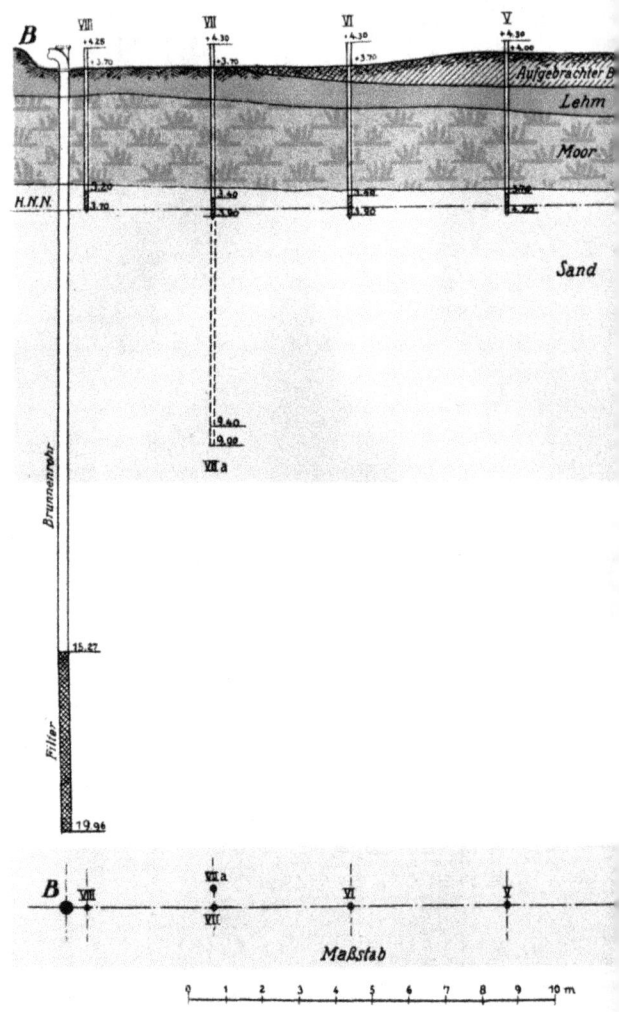

Verlag von R. Oldenbourg, München und Berlin.

B

VIII   VII   VI   V

+4.25   +4.30   +4.30   +4.30

+3.70   +3.70   +3.70   +4.00

Aufgebrachter B

Lehm

Moor

H.N.N.

Sand

Brunnenrohr

VII a

Filter

15.47

19.96

B   VIII   VIIa   VI   V

VII

Maßstab

0 1 2 3 4 5 6 7 8 9 10 m

sser. I.Hauptversuch.

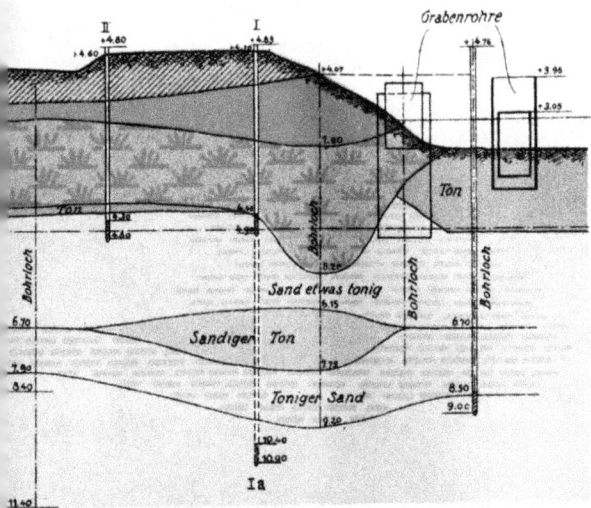

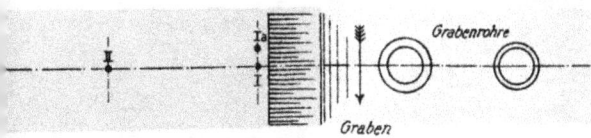

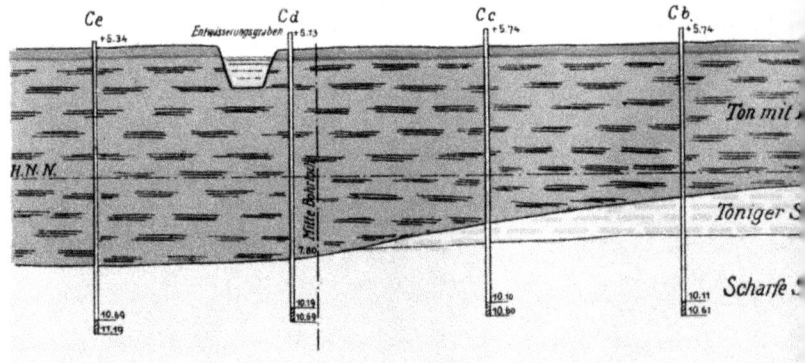

Verlag von R. Oldenbourg, München und Berlin.

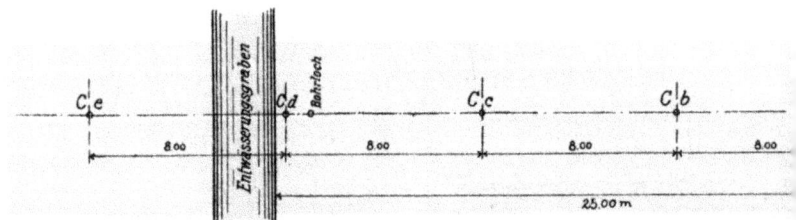

Maßstab

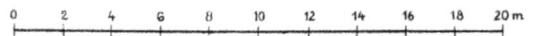

Dunbar, Abwässer der Kaliindustrie.

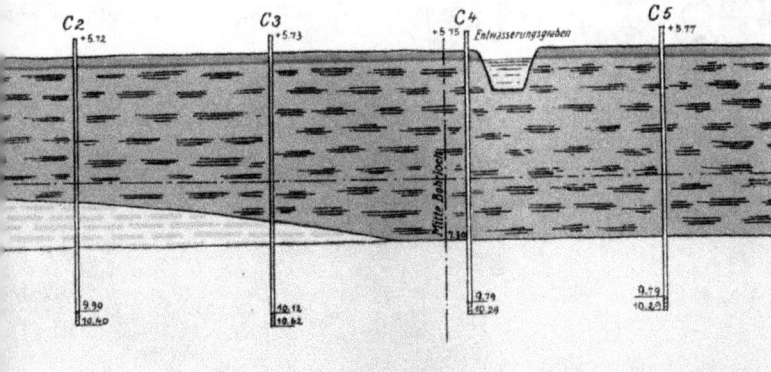

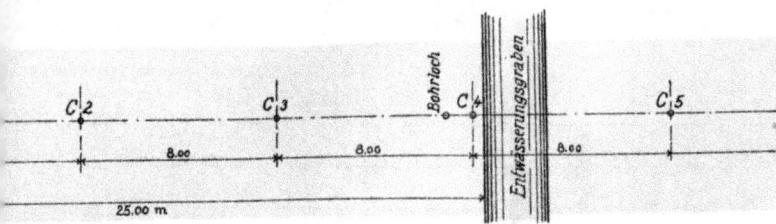

Tafel XIII.

Zutritt von Oberflächenw

Querse

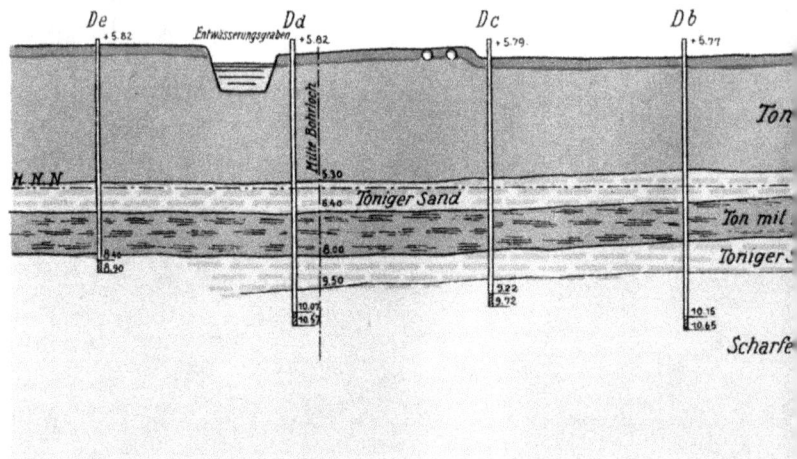

Verlag von R. Oldenbourg, München und Berlin.

Aufs

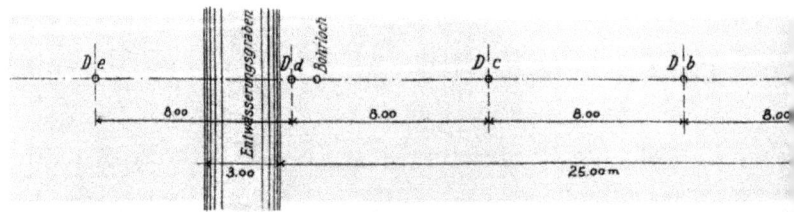

Maßstab

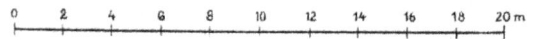

...sser. *II. Hauptversuch.*

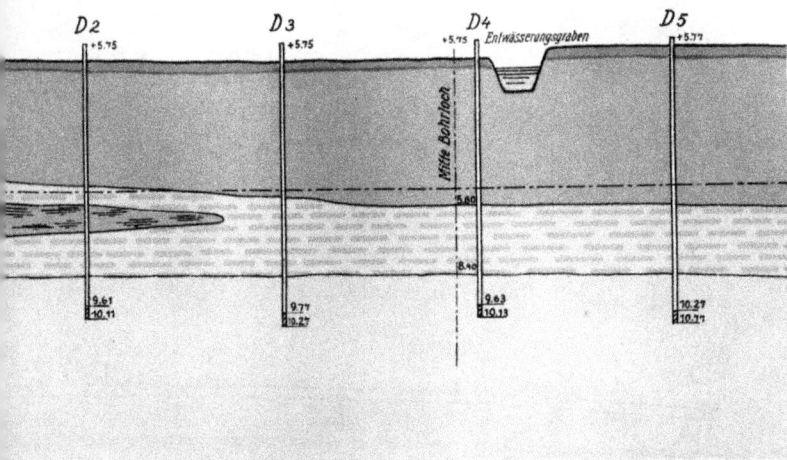

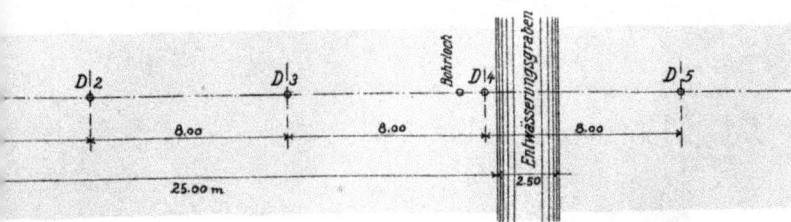

Dunbar, Abwässer der Kaliindustrie.

Tafel XIV.

D 2
+5.75

D 3
+5.75

D 4
+5.75   *Entwässerungsgraben*

D 5
+5.77

Mitte Bohrloch

5.80

8.40

9.61
10.11

9.77
10.27

9.63
10.13

10.27
10.77

D 2

D 3

Bohrloch

D 4

Entwässerungsgraben

D 5

8.00

8.00

8.00

25.00 m

2.50

Zutritt von Oberfläch

L

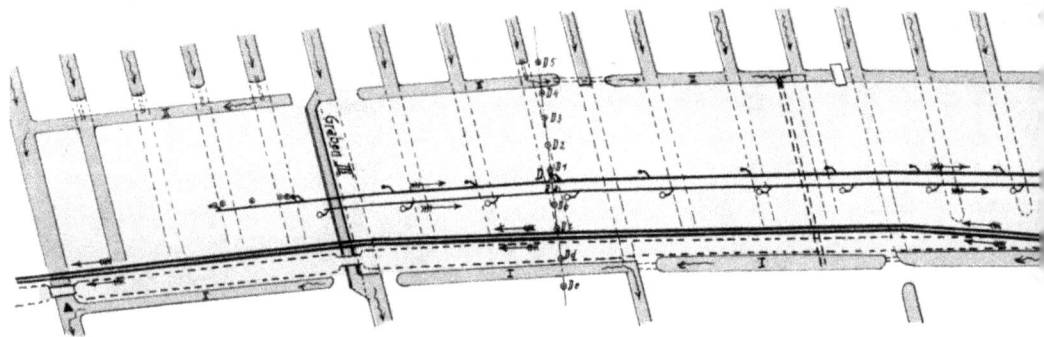

- • *Rohrbrunnen*
- — *Rohrleitungen* } *der Entnahmefassung aus dem oberen Grundwasserstockwerk.*
- ○ *Rohrbrunnen*
- — *Rohrleitungen* } *der Entnahmefassung aus dem zweiten Grundwasserstockwerk.*
- ⊕ *Schlagbrunnen*

0   10

Verla

ser. II. Hauptversuch.

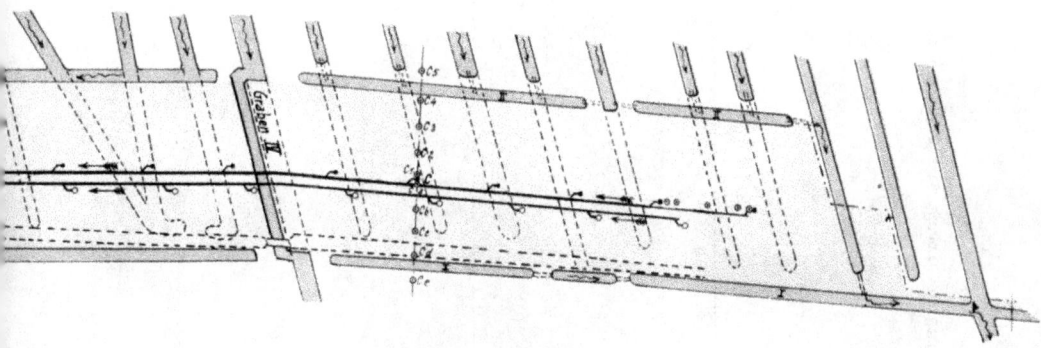

n.

Graben II

c_5

c_1

N.

90   100 m

Aufsicht

S1

8,00

S2

0,50

B1

12,80

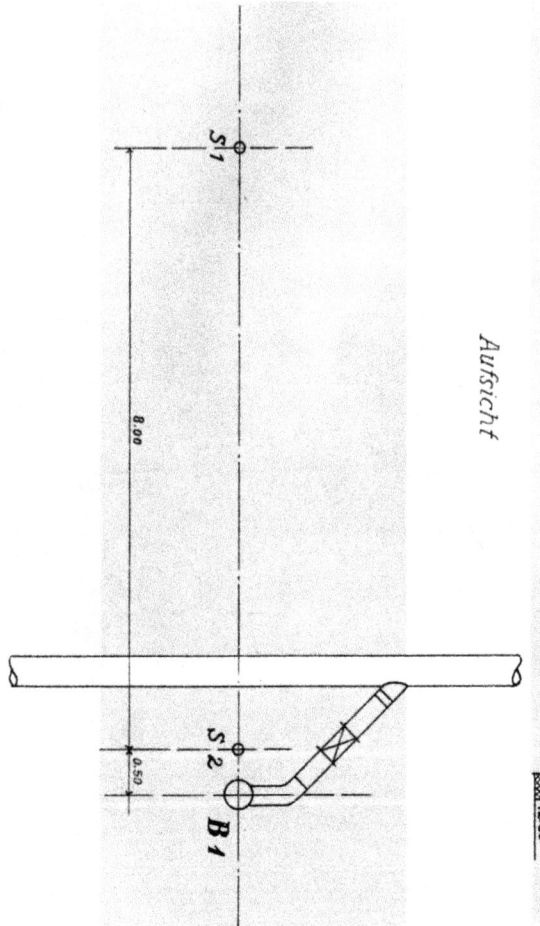

Maßstab: 1:100

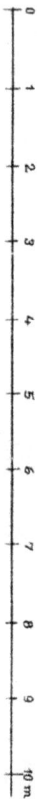

0 1 2 3 4 5 6 7 8 9 10 m

Verlag von R. Oldenbourg, München und Berlin.

Versuche mit Chlormagnesium in natürlichem Gelände.
Versuch 1.

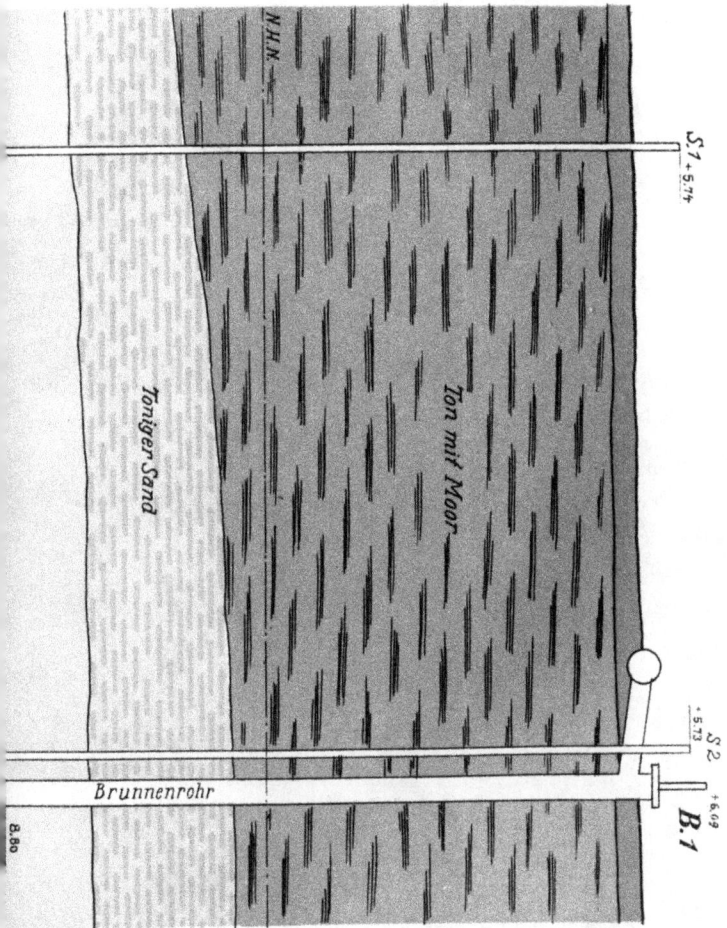

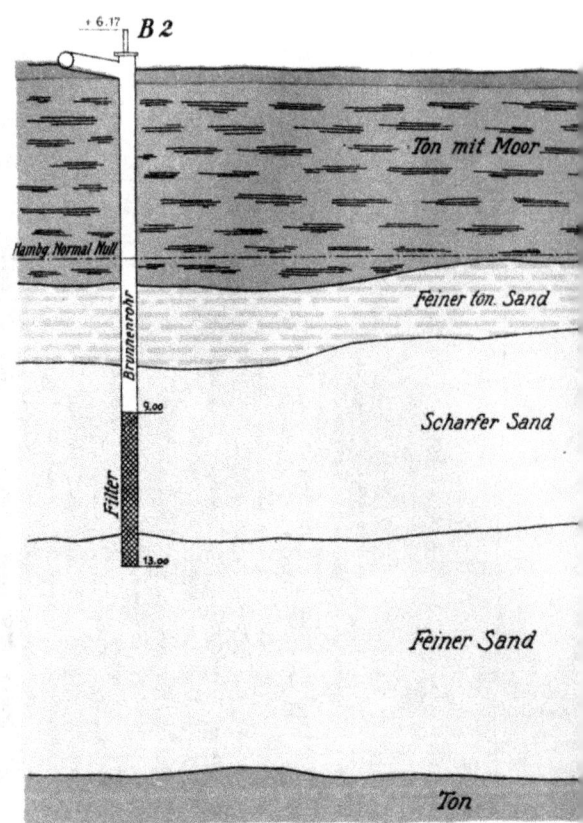

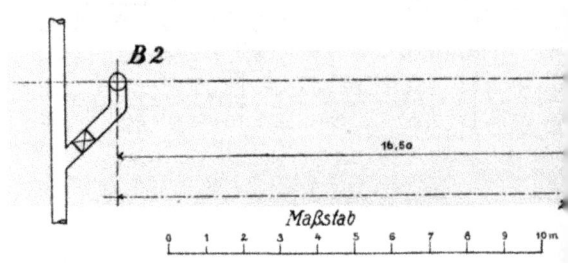

Verlag von R. Oldenbourg, München und Berlin.

atürlichem Gelände.

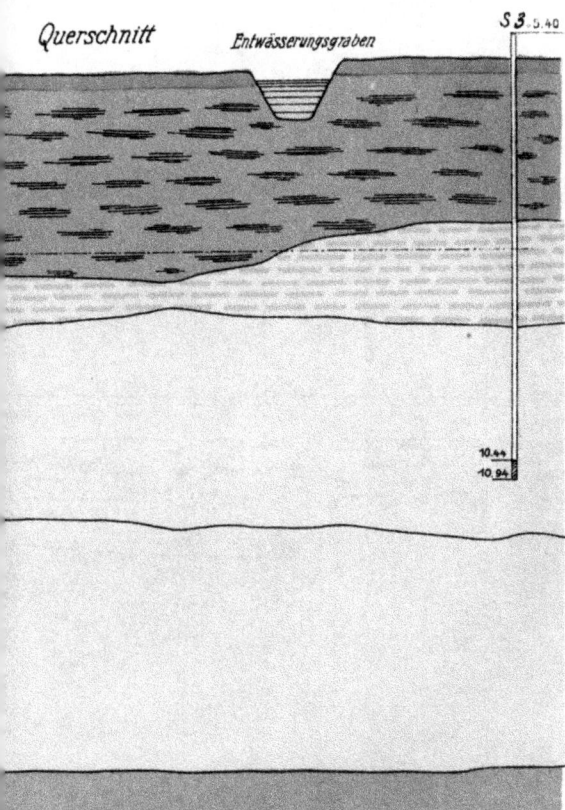

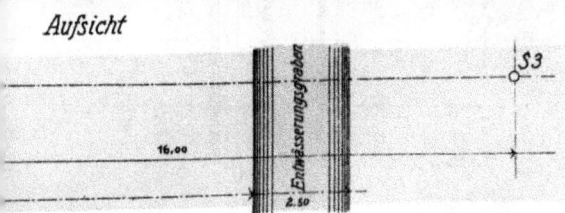

Querschnitt   Entwässerungsgraben   S 3 .5.40

10.44
10.94

Aufsicht

16,00

Entwässerungsgraben

2.50

S 3

Dunbar, Abwässer der Kaliindustrie.

Tafel XVII.

Verlag von R. Oldenbourg, München und Berlin.

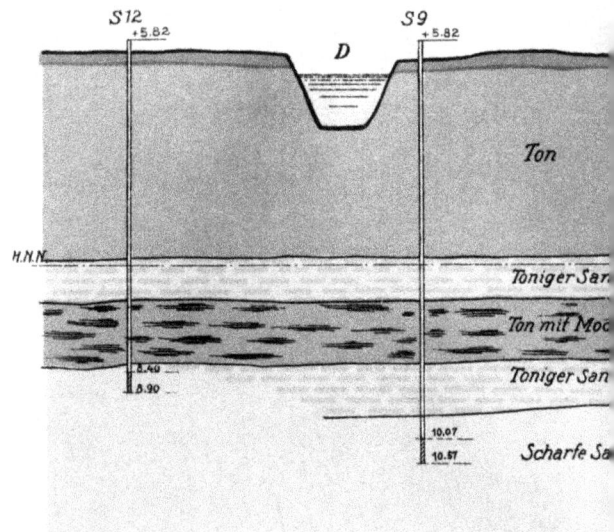

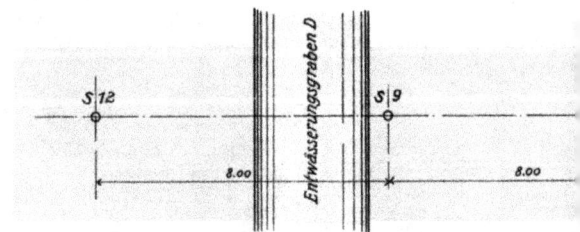

S 12 +5.82
S 9 +5.82

D

Ton

H.N.N.

Toniger Sand

Ton mit Moo

Toniger San

8.40
8.90

10.07
10.57

Scharfe Sa

S 12

S 9

Entwässerungsgraben D

8.00

8.00

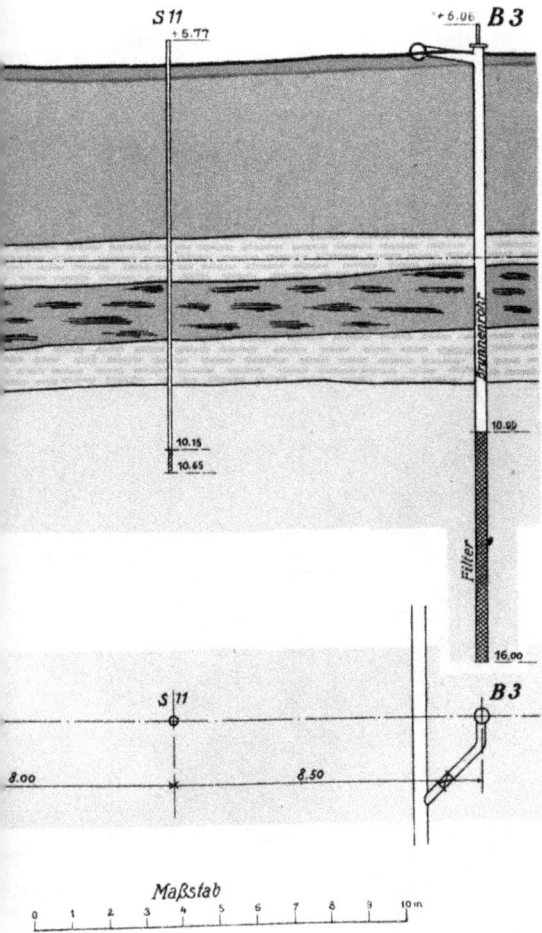

Dunbar, Abwässer der Kaliindustrie.

Tafel XVIII.

S 11
+5.77

+6.06 B 3

Brunnenrohr

10.15
10.65

10.00

Filter

16.00

S 11

B 3

8.00

8.50

Maßstab

0 1 2 3 4 5 6 7 8 9 10 m

www.ingramcontent.com/pod-product-compliance
Lightning Source LLC
Chambersburg PA
CBHW081433190326

41458CB00020B/6186